똑똑한 비서 챗GPT와 함께 푼

에이즈 바로 알기 '100문 100답'

100 Q&As

AIDS

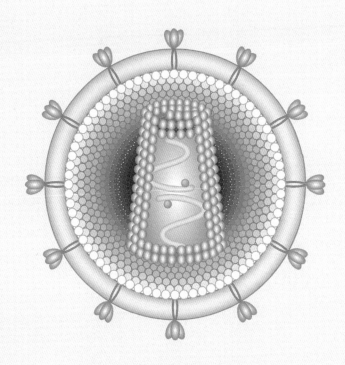

똑똑한 비서 챗GPT와 함께 푼

에이즈 바로 알기 '100문 100답'

최병선 · 챗GPT 지음

바이러스와의 전쟁: 국가의 흥망성쇠가 보건안보에 달렸다

감염병은 인류의 생존을 위협하는 가장 큰 위협 중 하나이다. 인류의 삶과 문명은 늘 보이지 않는 적, 바이러스와의 전쟁의 연속이었다. 2000년대 들어 사스(03년), 신종플루(09년), 에볼라(13년), 메르스(15년), 지카(15년), 조류독감(17년), 코로나19(20년)에 이르기까지 새로운 바이러스 감염병의 발생·위협은 지속적으로 증가하고 있다. 최근 수십 년 사이에 발생한 코로나19 등과 같은 팬데믹은 전 세계에 걸쳐 눈부신 과학 기술의 진보에도 불구하고 여전히 우리가 얼마나 취약한 존재인지를 드러내고 있다. 우리는 이러한 감염병으로부터 건강과 안전을 위협받았을 뿐만 아니라, 경제적, 사회적, 정치적 등 다양한 분야에서 막대한 영향을 받았다. 이러한 감염병은 예측하기 어렵고, 빠르게 전파되기 때문에, 미리 대비하고 준비하는 것이 제일 중요하다. 국가 차원에서 조속한 상시·적시 감염병 대응체계 마련이 필요하며, 이는 국가 존속과 직결되는 보건·안보적 문제로 급부상되고 있다.

최첨단 비밀무기 챗GPT와의 만남, 새로운 가능성을 열다

2022년 12월, OpenAI에서 챗GPT(GPT 3.5)를 개발한 이후 생성형 AI는 전 세계적으로 큰 관심을 불러일으키고 있다. 코로나19 팬데믹과 같은 바이러스 위협이 전 세계를 휩쓸고 있는 시점에 openAI 챗GPT를 만나는 순간 "인류의 보건안보를 책임질 진짜 비밀무기가 나타났구나!" 하는 생각이 들었다. openAI는 1,750억 변수로 된 GPT 3.5라는 인공지능 거대언어모델(LLM)을 개발한 이후 GPT-4와 2023년 말에는 텍스트, 음성, 이미지 등을 모두 인식하는 멀티모달 AI인 GPT-4 터보를 개발하였다. 마이크로소프트사는 자사의 Bing 검색 엔진에 GPT-4를 장착하여 서비스를 제공하고 있으며, 구글에서도 제미니(Gemini)라는 챗봇을 개발하는 등 다양한 LLM들이 개발 중에 있다. 국내 기업인 네이버도 하이퍼클로바 X를 개발하여 서비스 중이다. 이미지를 생성하는 다양한 생성형 AI인 미드저니(Midjourney), 스테이블 디퓨전(Stable Diffusion), 달리(DALL-E) 등이 개발되어 창작 활동에 폭넓게 활용되고 있다. 다가오는 미래 세상은 인공지능(AI)이 우리의 일상생활을 통째로 바꿀 것이다. 인공지능 기술의 급속한 발전은 현대 사회의 다양한 분야에서 혁신을 가져오고 있다. 특히, 챗GPT와 같은 고도로 발달한 인공지능 기술은 교육, 의료, 금융 등의 영역에서 놀라운 가능성을 열어가고 있다. 최신 비밀무기인 챗GPT를 사용하여 국민 눈높이에 맞는 다양한 맞춤형 감염병(바이러스) 교육

자료를 만들어 바이러스 계몽운동을 한다면 국가 차원의 보건안보를 지키는 중추적인 역할을 할 수 있다는 생각이 들었다.

에이즈 바로 알기 프로젝트, 시작의 중요성

1981년 미국 동성연애자에서 최초로 발견된 에이즈는 인간면역결핍바이러스(HIV)에 의해 발생하는 감염병으로 아직도 전 세계적으로 약 3,700만 명 정도가 HIV 감염으로부터 고통받고 있다. 이 질병은 주로 성접촉에 의해 전파되는 특성 때문에 오해와 무지, 편견과 차별로 심각한 사회적인 문제를 낳고 있다. 하지만 에이즈에 대한 올바른 지식과 이해는 편견을 깨뜨리고, 질병에 대한 두려움을 줄이며, 모두가 함께 싸울 수 있는 힘을 제공한다. 에이즈에 대한 고객 맞춤형 교육은 예방과 조기진단, 치료의 중요성을 일깨워주며, 에이즈에 대한 올바른 이해는 더 이상 두려움의 대상이 아닌, 함께 대응해 나갈 수 있는 문제로 인식시켜 준다. 똑똑한 비밀무기 챗GPT 출현은 국민 눈높이에 맞는 다양한 맞춤형 교육교재 개발을 가능하게 함으로써 국민들을 에이즈 문맹으로부터 탈출시킬 수 있는 계기를 만들어 주었다. 에이즈 문맹 탈출을 위해 나의 30여 년간의 에이즈 연구 경험을 바탕으로 챗GPT(뤼튼 AI와 openAI GPT-4)를 사용해 '에이즈 바로 알기 100문 100답(100 Q&As)'이라는 책을 만들기 시작했다. 에이즈에 대한 심각성과 이해를 돕기 위해 일반인들이 궁금해하는 내용을 에이즈 일반상식, 역학, 진단, 치료제와 백신, 에이즈 환자 치료, 에이즈 완치, 예방과 홍보라는 7가지 chapter로 나누어 총 100가지 질문을 만들고 각 질문에 대한 챗GPT 답변을 바이러스 전문가 입장에서 수정·보완하는 과정으로 콘텐츠를 완성했다. 해당 질문에 적합한 이미지를 생성하기 위해 달리 3 기반 Bing Image Creator 또는 openAI GPT-4를 사용하였으나 해당 질문에 적합한 이미지를 생성하는 데는 실패했다. 아직 챗GPT는 의학이나 생물학과 같은 전문분야에서는 AI 훈련에 사용된 의과학 데이터의 불충분으로 특정 분야의 복잡성과 상세 요구사항을 완벽하게 이해하고 재현하는 능력에 한계를 가지고 있는 것으로 파악되었다. 그래서 본 교재에 필요한 에이즈 관련 이미지들은 전문 일러스트레이터에게 제작을 맡겼다.

에이즈와의 싸움은 단순히 의학적인 도전이 아니라, 사회적 인식과 태도를 변화시키는 중요한 과정이다. 이 프로젝트를 통해, 우리는 에이즈에 대한 깊은 이해를 바탕으로, 보다 건강하고 안전한 사회를 만들어 가는 데 기여하기를 바란다.

2024년 05월 31일
온 국민이 에이즈 문맹으로부터 탈출하기를 희망하며
최병선

추천사

 한 분야에서 성과를 이루고 전문가로 인정받는 것은 결코 쉬운 일이 아니다. 나아가 학문적 성과를 넘어 심신의 영역에서 국토를 종단하는 남다른 성과를 이루는 것은 더욱 어렵다. 저자는 에이즈 바이러스 연구의 과학 전문가면서, 우리 시대 100대 명산과 둘레길을 두루 섭렵하며 경험을 나눈 또 다른 분야의 전문가다. 그가 이루어낸 결과물은 단순한 노력의 결과라기보다는 삶을 바라보는 마음의 깊이와 넓이, 그리고 고된 수행의 과정을 나타내는 것이어서 더욱 크게 다가온다.

 최근 우리가 접하는 챗GPT는 누구나 궁금한 것을 즉각적으로 알 수 있을 뿐만 아니라 많은 영역에서 전문가 수준의 답변을 제공한다. 그러나 이러한 전문가 수준의 답변이 과학적 이론이 아닌 증명된 사실에 기초하는지는 누군가가 대답해 주어야 한다. 또한 답변 내용이 적절한지, 과학의 방법론적 시각에서도 적절한지 평가해야 한다. 과학적 지식을 삶에 적용하기 위해서는 깊은 성찰이 필요하다. 이는 의사가 에이즈 환자를 치료할 때 단순히 바이러스를 치료하는 것이 아니라 마음과 삶을 함께 치료하기를 바라는 마음과 유사하다. 저자는 누군가 해야 하는 이 일을 자발적으로 과학자의 의무로서 받아들였다. 더욱이 에이즈와 관련된 수백 가지의 궁금증에 대해 과학적 접근과 함께 챗GPT를 넘어 인공지능이 할 수 없는 전문가의 따뜻한 삶의 성찰을 보여 준다.

김상일 (전 대한에이즈학회장, 가톨릭대학교 의과대학 교수)

30년 전 국립보건원에서 저자와 함께 근무했던 시절, 많은 에이즈 관련 민원 전화를 받았던 추억이 아직도 생생하다. 목욕탕을 다녀온 후 에이즈 감염이 우려된다는 황당한 상담부터 실제로 에이즈 감염이 의심되어 HIV 검사결과 양성으로 확인된 경우까지 다양한 에피소드가 많았다. 그 당시에는 민원상담 매뉴얼도 없어 기본 상식에 기반하여 상담을 제공하는 것이 일상이었다. 최근 등장한 챗GPT는 기존 웹 검색보다 훨씬 빠르고 종합적인 답변을 제공함으로써 사용자가 만족할 만한 수준의 답을 얻고 있다. 물론, 오류답변, 편향된 답변 등 몇 가지 한계가 존재해 전문가의 검토가 꼭 필요한 수준이다. 이 책은 국민들이 에이즈에 대한 궁금증을 쉽게 해소할 수 있도록 도와주며, 앞으로 닥쳐올 바이러스 위협에 대한 인식을 높이는 데 크게 기여할 것이다.

김영봉 (전 대한바이러스학회장, 건국대학교 교수)

과학 분야에서 30년의 경력은 그 분야 최고의 전문가라는 수식과 동일하다. 학자로서 훌륭한 연구 업적을 쌓는 것은 중요하지만 습득한 지식을 대중에게 효과적으로 전달하는 일은 더더욱 중요하다. 저자는 최근 개발된 챗GPT의 재능을 간파하여 현재까지의 에이즈 연구 경력을 일반인의 눈높이에 맞게 쉽게 이해할 수 있도록 요약·정리했다. 이 책은 전문 연구자가 챗GPT를 통해 일반인과 정보를 나누는 훌륭한 사례가 될 것이며, 지금까지 사회적으로 터부시되었던 에이즈에 대한 유익한 과학적 정보제공과 편견 해소가 가능할 것이다.

윤환수 (한국조류학회장, 성균관대학교 교수)

저자는 바이러스 전문가이자 여행작가로 지난 30여 년간 에이즈를 극복하기 위해 HIV 완치연구에 남다른 애정과 열정을 쏟아왔다. 이 책은 저자가 그동안의 바이러스 연구와 교육 경험을 바탕으로 일반인에게 좀 더 쉽고 정확하게 에이즈를 알려주기 위해 가장 빈번하고 꼭 알아야 할 질문을 선정하고 챗GPT와 함께 답을 써 내려간 것이다. 오래 함께 연구했던 동료 연구자로서 글쓰기에 대한 두려움과 평소 알고 있던 지식을 일반인에게 쉽게 전달하는 데 어려움이 많았으나 이 책을 읽고 '챗GPT에 도전해 볼까'라는 생각이 든다. 도전을 주저하지 않고 어려운 상황에 굴복하지 않는 긍정적인 사고로 새로운 분야를 개척한 저자로부터 '어려워 말고 새로운 미래에 함께 가요!'라는 메시

지를 받게 될 것이다.

김성순 (전 국립감염병연구소 공공백신개발지원센터장)

우리나라에는 젊은 이공계 과학자들이 장기간 한 분야에서 도전적인 연구를 꾸준히 할 수 있도록 지원하는 '한우물파기 기초연구지원'이라는 제도가 있다. 이런 제도가 나타나기 훨씬 전인 32년 전 국립보건원에서 저자를 처음 만났을 때부터 2024년 지금까지 공무원이라는 특수성에도 불구하고 HIV 연구라는 한 분야만을 파고든 저자의 은근과 끈기, 그리고 인내와 HIV 연구 전문성은 국내에서는 보기드문 현상이다. 이번에 저자의 한우물 정신과 최신 AI 비서인 챗GPT가 합작하여 책을 만들었다고 하니 기대가 되고도 남음이다.

김기순 (고려대학교 의과대학 교수)

21세기는 새로운 혹은 변종 병원체가 계속해서 출현하고 있으며, 코로나-19 팬데믹을 통해 전 세계가 감염병에 얼마나 취약한지 목도했다. 이제는 전문가뿐만 아니라 일반인도 바이러스에 대한 정확한 이해와 대처가 필요한 시대가 도래했다. 이 책은 저자와 챗GPT가 에이즈의 발생 및 감염 경로, 증상, 진단, 치료 방법에 이르기까지 학술적인 지식을 설명한다. 특히, 일반인이 일상에서 자주 마주치는 궁금증을 주제로 질문과 답변 형식으로 풀어내어, 독자가 책을 읽는 동안 부담 없이 정보를 습득할 수 있도록 했다. 더불어 챗GPT와 함께하여 정보의 홍수 속 현대인에게 정확한 정보를 전달함으로써, 어린 자녀를 둔 부모에게도 추천할 만한 지식 서적이라 생각한다.

강상민 (바이엘티 대표, 전북대학교 인수공통전염병연구소 교수)

Contents

Chapter 01 에이즈 일반상식

Chapter 02　**에이즈 역학**

Chapter 03   에이즈 진단

Chapter 04   HIV 항바이러스제와 백신

Chapter 05   에이즈 환자 치료

Chapter 06　에이즈 완치

Chapter 07   에이즈 예방 및 홍보

Chapter 1

에이즈 일반상식

...

1. HIV와 에이즈(AIDS) 차이는 무엇인가요?

HIV는 인체면역결핍바이러스(Human Immunodeficiency Virus)의 약
자로 에이즈(AIDS)를 일으키는 원인 병원체입니다. HIV는 혈액,
체액 내에 존재하며 성접촉 등으로 다른 사람에게 전파됩니다.
HIV에 감염되면 숙주의 면역체계가 방어기능을 상실하게 되어
다른 병원체 감염이나 질병에 쉽게 걸리게 됩니다.

AIDS는 후천성 면역결핍 증후군(Acquired Immune Deficiency
Syndrome)의 약자로 HIV 감염으로 인체의 면역체계가 점차 약
화되어 나타나는 면역결핍증후군을 말합니다. HIV 감염이 면
역세포를 파괴하고 숙주의 면역체계가 약해졌을 때 기회감염
질환(세균, 바이러스, 곰팡이 등), 암질환, 기타 질병 등에 대한 저항력
이 떨어져 에이즈라는 질병이 발생하게 됩니다.

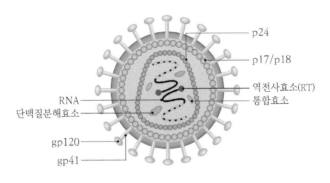

그림 1. HIV-1 바이러스 모식도

p24
p17/p18
역전사효소(RT)
통합효소
RNA
단백질분해효소
gp120
gp41

2. HIV에 감염된 사람을 에이즈 환자라고 부르나요?

아니요, 모든 HIV 감염인이 에이즈 환자가 되는 것은 아닙니다. HIV 감염인은 에이즈 환자를 포함하여 HIV에 감염된 모든 사람을 포괄적으로 일컫는 말입니다. HIV에 감염된 사람은 질병의 진행 경과에 따라 에이즈 정의질환이 없는 사람(HIV 감염인)과 에이즈 정의질환이 있는 사람(에이즈 환자)으로 구분됩니다. 에이즈 정의질환이란 미국 질병관리국(CDC; Center for Disease Control & Prevention)에서 제시한 PCP 폐렴, 카포시육종 등 에이즈로 정의된 질환을 의미합니다. 일반적으로 HIV 감염 초기에는 면역체계의 손상이 미미하여 대부분 에이즈로 진행되지 않지만 HIV 항바이러스 치료제를 복용하지 않으면 대부분 시간이 흐름에 따라 면역체계가 점차 악화되어 결국 에이즈라는 증세가 발생하게 됩니다. 이때부터 에이즈 환자라고 불리게 됩니다.

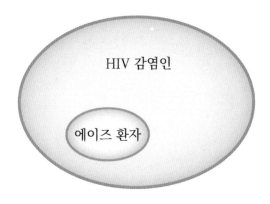

그림 2. HIV 감염인과 에이즈 환자의 범위

3. HIV 감염인과 함께 생활한다면 어떻게 해야 하나요?

HIV 감염인과 함께 생활할 때 다음과 같은 주의사항을 잘 따르는 것이 좋습니다:

1) 서로에 대한 이해와 지지: HIV 감염인에 대한 인식과 질병에 대한 올바른 지식을 공유하며 서로에게 도움과 지지를 제공하는 것이 중요합니다.

2) 에이즈에 대한 올바른 인식: HIV 감염은 주로 성접촉에 의한 혈액, 정액, 질 분비물 등에 존재하는 HIV 바이러스에 의

해 전파됩니다. 콘돔을 사용한 안전한 성관계와 혈액이나 기타 체액에 직접 노출되지 않도록 주의(개인 칫솔, 면도기 등 사용)해 주시기 바랍니다. HIV 감염인은 꾸준한 치료와 전문 의료진의 상담을 받아야 합니다. 가족 구성원들이나 동거인도 HIV 및 에이즈에 대한 올바른 교육을 받는 것이 좋습니다.

3) **건강한 생활습관 유지:** 균형 잡힌 식사, 꾸준한 운동, 충분한 휴식 등을 통해 감염인과 동거인의 전반적인 건강을 개선하고 약해진 면역체계의 기능을 회복할 수 있습니다.

4) **정기적인 검사:** HIV 감염인과 함께 생활하는 사람은 정기적으로 HIV 검사를 받아 본인의 건강상태를 체크하는 것이 좋습니다.

상기와 같은 조치를 통해 HIV 감염인과 그들의 가족, 친구, 동료들이 안전하고 건강한 환경에서 함께 생활할 수 있습니다.

4. HIV 감염인과 함께 식사해도 괜찮나요?

예, HIV 감염인과 함께 식사를 해도 HIV에 감염되지 않습니다. 일반적으로 일상생활 즉, 공기, 식품, 물, 음식을 공유하거나 인사를 하거나 안아주는 행위를 통해 HIV는 전파되지 않습니다.

따라서 HIV 감염인과 함께 맛있는 음식을 나누는 일은 전혀 걱정할 필요가 없습니다. 오히려 그들에게 따뜻한 용기와 사랑을 전하며 차별감을 느끼지 않게 하는 것이 더 중요합니다.

그림 3. 에이즈 상식: 일상접촉으로는 감염 No

5. HIV 감염인과 손을 잡거나 같이 운동을 해도 안전한가요?

예, HIV 감염인과 손을 잡거나 같이 운동을 해도 HIV에 감염되지 않습니다. HIV는 피부 접촉이나 대화, 인사 행위를 통해서는 전파되지 않습니다. 따라서 HIV 감염인과 손을 잡거나 같이 운동하는 것은 전혀 위험하지 않습니다.

6. HIV 감염인과 키스를 해도 괜찮나요?

대부분의 경우 HIV 감염인과 키스를 해도 HIV에 감염되지 않습니다. HIV에 감염되기 위해서는 충분한 양의 바이러스가 체내로 들어가야 합니다. 그러나 침에는 HIV 바이러스가 매우 낮은 농도로 존재하므로 감염 가능성이 매우 낮습니다. 그러나 만약 입 안에 상처나 염증이 있는 경우, 딥 키스(deep kissing)는 확률은 희박하지만, HIV가 전파될 위험이 존재하니 삼가시는 것이 좋을 것 같습니다.

7. HIV는 모기에 의해서도 감염되나요?

아니요. 모기가 HIV 감염인을 물었다 해도 모기를 통해서 HIV에 감염되지는 않습니다. 모기의 소화 체계에서 HIV 바이러스는 장시간 살아남지 못합니다. 전 세계적으로 수천만 명 이상 HIV 감염인이 발생했지만, 모기에 의해 감염된 사례는 보고된 적이 없습니다. 모기에 대한 걱정은 안 하셔도 됩니다.

8. HIV 감염인의 혈액이나 체액이 피부에 닿아도 안전한가요?

일반적으로 HIV 감염인의 혈액이나 체액이 우리 피부에 닿아도 HIV에 감염되지 않습니다. 피부는 HIV가 몸에 침투하지 못하게 하는 보호 장벽 역할을 합니다. 그러나 상처 난 피부의 점막에 HIV 감염인의 혈액이나 체액이 노출된다면 희박하지만, 감염 가능성은 있습니다. 만약 HIV 감염인의 혈액이나 체액이 상처 부위에 접촉되었다면 즉시 의사와 상의하여 필요한 조치를 받으시기 바랍니다.

| 익명·즉석만남
성파트너 NO! | 잦은 성파트너
변경 NO! | 혈액접촉
성관계 NO! | 성매매
성접촉 NO! | 콘돔 없이
성관계 NO! |

그림 4. 에이즈 예방을 위한 위험한 성접촉 피하기

9. HIV 감염인의 혈액이나 체액이 인체 밖으로 나올 경우 그 안에 있는 HIV 바이러스는 어떻게 되나요?

HIV는 아주 약한 바이러스로 인체 밖으로 나오면 바로 비활성화되거나 사멸합니다. 또한 열에도 매우 약해 열을 가하는 것만으로도 완전히 사멸되며 체액이 건조되면 바로 죽습니다.

10. HIV에 감염되면 바로 죽나요?

HIV에 감염되었다고 해서 바로 죽게 되는 것은 아닙니다. HIV 는 면역세포를 공격하는 바이러스로 이로 인해 사람의 면역체 계가 시간이 흐름에 따라 쇠약해져 더 많은 질병들에 취약하게 되어 에이즈라는 질병이 발생하게 됩니다. 그러나 현재 30여 종 의 HIV 항바이러스제들이 개발되어 사용되고 있어 적절한 치 료를 받는다면 HIV 감염인들도 정상인처럼 건강한 생활을 유 지할 수 있습니다.

11. HIV 감염 후 아무런 증상이 나타나지 않았는데 병원에 가야 하나요?

예. HIV 감염 초기에는 증상이 없거나 매우 경미한 증상만 나 타날 수 있습니다. 그러나 특별한 증상은 없어도 HIV 감염에 의해 인체 면역세포는 파괴되고 있습니다. 그러므로, 본인의 면 역상태를 파악하고 적절한 치료를 받으며 건강하게 살아가기 위해서는 병원을 방문하여 전문가와 상담하고 정확한 정보를 얻는 것이 중요합니다.

12. HIV 감염인이 다른 질병으로 병원 진료를 받을 경우 자신의 감염 사실을 의사에게 꼭 알려야 하나요?

그렇지는 않습니다. 그러나 HIV 감염인 본인의 건강관리를 위해서는 자신의 감염 사실을 의사에게 알리는 것이 좋습니다. 진료를 담당하는 의사는 환자의 전반적인 건강상태와 면역체계 상태를 고려하여 적절한 진단과 치료를 제공할 수 있습니다. 특히, HIV 항바이러스제 선정의 경우 다른 복용 중인 약물과의 상호작용을 고려하여 치료 계획이 수립됩니다. 이를 통해 적절한 진료와 관리를 받으실 수 있습니다.

13. HIV 감염인이 상대방에게 감염 사실을 알리지 않고 콘돔을 사용하여 성관계를 했을 경우 처벌을 받나요?

아니요. 콘돔을 사용하여 타인에게 HIV 전파를 예방했다면 전파매개행위가 성립되지 않으므로 처벌 대상이 되지는 않습니다. 콘돔 사용은 HIV 전파 위험을 줄이기 위한 중요한 수단 중 하나지만 완벽한 예방 방법은 아닙니다. 따라서 감염인은 상대방과 성관계를 갖기 전에 자신의 감염 사실을 솔직하게 공유하는 것이 윤리적·법적 책임을 다하는 방법입니다.

에이즈 바로 알기 '100문 100답(100 Q&As)'

14. HIV에 감염되면 사회에서 격리조치 되나요?

아니요. HIV는 공기나 일상생활을 통해 전파되지 않으므로 HIV 감염인을 격리할 필요는 전혀 없습니다. HIV 감염은 대부분 성 접촉과 오염된 혈액 등으로 이루어지므로 HIV 감염인과 같이 일상생활을 하는 것은 괜찮습니다. 사회의 한 구성원으로서 차별받지 않고 HIV 감염인들도 적절한 치료와 건강관리를 통해 일상생활을 이어갈 수 있도록 배려하는 마음이 중요합니다.

15. HIV에 감염되면 직업을 가질 수 없나요?

아니요. HIV 전파가 우려되는 성매매 관련 직업군을 제외하곤 모든 직업에 종사하는 것이 가능합니다. 우리나라를 포함해서 많은 국가가 HIV 감염인이 직장에서 차별을 받지 않도록 법적으로 보호하고 있습니다. HIV 감염인의 삶과 직업에 대한 인식 개선과 차별 해소는 중요한 사회문제 해결과제로 대두되고 있습니다.

16. HIV 감염인은 외국 여행을 갈 수 없나요?

아니요. 관광목적과 같은 단기여행의 경우 대부분의 나라들은

HIV 감염인의 외국 여행을 허용하고 있습니다. 그러나 이민, 유학과 같은 장기체류의 경우 일부 제한하는 국가들이 있을 수 있으므로 해당 국가의 대사관이나 온라인 자료를 통해 반드시 최신 정보를 조회하시기 바랍니다.

17. HIV 감염인은 직장에서 해고되거나 불이익을 받나요?

아니요. HIV 감염인이 직장에서 해고되거나 불이익을 받는 것은 법적으로 금지되어 있습니다. 국내도 '후천성면역결핍증 예방법'에 따라 사업주는 근로자가 HIV 감염인이라는 이유로 해고, 승진 거부, 처우 차별 등 불이익을 줄 수 없으며, 이를 어길 경우 징역 또는 벌금을 처하도록 규정하고 있습니다.

18. HIV 감염인과 에이즈 환자를 어떻게 돌봐야 하나요?

HIV 감염인과 에이즈 환자를 돌보는 방법은 개인의 건강상태에 따라 다르지만, 일반적으로 다음과 같은 점을 고려하여 돌보는 것이 중요합니다.

1) 의료 지원: 적절한 의료 관리와 치료를 받도록 도와주어야 합니다. 정기적인 진료와 적절한 HIV 항바이러스제 복용은

매우 중요하며, 각종 부작용이나 증상 변화에 대하여 의사와 전문적으로 상의할 수 있도록 지원해 주어야 합니다.

2) **정서적 지원:** HIV 감염인과 에이즈 환자는 사회적인 차별과 부정적인 인식으로 인해 심한 불안, 우울 및 스트레스를 겪을 수 있습니다. 따라서 가족과 친구들, 돌봄 전문가 등의 정서적 지원을 통해 감염인과 에이즈 환자가 마음의 안정을 찾고 긍정적인 사회 활동을 계속할 수 있도록 도와주어야 합니다.

3) **일상생활 지원:** 식사 준비, 세면 돕기, 목욕 돕기, 운동조절 등 일상생활에 도움을 권장합니다. HIV 감염인은 균형 잡힌 식사, 꾸준한 운동, 충분한 휴식, 스트레스 관리 등을 통해 전반적인 건강상태를 유지하는 것이 중요합니다. 또한, 감염인 본인과 주변 사람들의 감염 예방을 위해 안전한 성관계와 청결한 생활습관을 지키는 것이 중요합니다.

4) **교육 및 인식 개선:** HIV 감염인과 에이즈 환자의 삶의 질 향상을 위해서는 사회적 인식 개선이 필요합니다. 에이즈에 대한 올바른 지식과 인식을 전파함으로써 차별과 편견을 줄이고 감염인과 에이즈 환자에게 필요한 지원을 제공합니다.

19. HIV 감염인의 법률상 권리와 의무는 무엇인가요?

(🔊) HIV 감염인은 '후천성면역결핍증 예방법'에 따라 아래와 같은 권리와 의무를 갖습니다.

▶ 법률상 권리

1) 인간으로서의 존엄과 가치를 존중받을 권리를 가진다. (법 제3 조 3항)

2) 감염 사실 등 신상 비밀이 관련자 즉 감염인보호관리업무 종 사자, 진단 · 간호에 참여한 자, 기록을 유지 관리하는 자 이 외에는 알려지지 않도록 보호받게 된다. (법 제7조)

3) 감염인의 가족에게 감염 사실을 통보하도록 되어 있으나 그 시기 및 방법은 본인의 의사를 존중하여 결정한다.

4) 근로사업주인 사용자는 근로자가 감염인이라는 이유로 근로 관계에 있어서 법률로 정한 것 외의 불이익을 주거나 차별대 우를 하여서는 아니 된다. 또 후천성면역결핍증 검사결과서 를 요구할 수 없다. (제3조 및 제8조의 2)

▶ 법률상 의무

1) 에이즈에 관한 올바른 지식을 가지고 재감염, 발병 및 감염 전파의 예방을 위한 주의를 하여야 하며, 법에 의해 행해지

에이즈 바로 알기 '100문 100답(100 Q&As)'

는 제반 조치에 협력해야 한다. (법 제3조 2항)

2) 감염경로와 성 접촉에 관한 조사에 협조하여야 한다. (법 제10조)

3) 혈액 또는 체액을 통하여 타인에게 감염을 전파시킬 수 있는
행위 즉 헌혈이나 콘돔을 사용하지 않는 성행위는 하지 말아
야 한다. (법 제19조)

4) 성병에 관한 건강진단을 규정하고 있는 직업에는 종사할 수
없다. (시행령 제10조 1항)

20. HIV 감염인의 병역의무는 어떻게 되나요?

HIV 감염인은 국방부령 제556호 징병검사 등 검사규칙 제11
조에 의한 질병, 심신장애의 정도 및 평가 기준에 따라 6급 판정
을 받게 되어 징집을 면제받게 됩니다. 국방부는 2007년도부터
징병신체검사에 HIV 검사를 포함하도록 하여 감염인의 입대를
원칙적으로 제한하고 있습니다. HIV 감염된 후 징병검사가 나
온 경우, 만일 징병신체검사 시 면제를 받고자 할 때에는 관할
보건소 또는 질병관리본부에 '후천성면역결핍증 검사확인서'를
발급 요청하여 징병검사 당일 징병 검사장에서 징병검사 군의
관에게 제출(대리인 제출 가능)하면 됩니다. 현역군인 또는 직업군
인이 HIV 검사 양성판정을 받게 되면 의가사제대 처리됩니다.

공익요원의 경우 소집 전에는 현역군인과 동일하게 처리되며 소집 후 근무 중에 감염 사실이 확인되었다면 근무기관의 장이 지방병무청에 재검요청을 하고 그 결과가 확인되면 소집을 면제받게 됩니다. (근거: 한국에이즈퇴치연맹 홈페이지 에이즈 길라잡이)

21. 에이즈로 사망하면 어떻게 해야 하나요?

대부분의 가족들이 환자가 사망했을 때 화장을 해야만 되는 것으로 알고 있는데 후천성면역결핍증이 3군 법정전염병이지만 사체를 처리할 때 유출되는 혈액, 체액(염사에게 알려줌)의 관리에 확실하게 주의하기만 한다면 다른 사망자의 경우와 동일하게 처리하면 됩니다. 병원에서 사망했을 경우 추후 진료비 영수증을 보건소 담당자에게 청구하면 진료비를 환불받을 수 있습니다. (근거: 한국에이즈퇴치연맹 홈페이지 에이즈 길라잡이)

22. 성병은 에이즈에 어떤 영향을 미치나요?

성병과 에이즈는 밀접하게 연관되어 있습니다. 성병으로 인해 생긴 생식기의 상처나 염증은 HIV 감염을 증가시키며 이로 인해 궁극적으로 임질, 매독 등의 성병 질환이 발생하게 됩니다. 성병을 예방하고 치료하는 것은 HIV 감염의 위험을 줄이는 데 매우 중요합니다.

23. 성병이 국가보건에 미치는 영향은 무엇인가요?

일반적으로 성매매를 통한 성관계는 임질, 매독, 에이즈 등 성병 감염위험을 크게 증가시킵니다. 불특정 다수와의 성매매를 통해 HIV 감염인 수가 급증하고 이로 인하여 국가 차원의 질병 부담이 폭증하는 심각한 보건위기를 초래할 수 있습니다.

주요 내용 요약

1. **HIV와 AIDS의 이해:** HIV는 성 접촉이나 오염된 혈액을 통해 전파되는 에이즈를 일으키는 바이러스입니다. AIDS는 후천성 면역 결핍 증후군(Acquired Immune Deficiency Syndrome)의 약자로, HIV 감염 후 인체의 면역체계가 약화하면서 나타나는 증상들을 말합니다.

2. **HIV 감염의 전파경로:** HIV 감염은 공기, 음식, 물, 일상적인 신체 접촉(예: 포옹이나 입맞춤)을 통해 전파되지 않습니다. 입 안에 상처나 염증이 없다면, 키스를 통한 전파의 우려도 없습니다.

3. **감염 가능성:** HIV 감염인의 혈액이나 체액이 피부에 닿더라도, 상처나 점막이 없으면 감염위험은 없습니다.

4. **감염의 초기 단계:** HIV 감염 초기에는 증상이 나타나지 않거나 매우 경미할 수 있기 때문에, HIV 감염이 의심될 때는 병원을 방문해 상태를 확인하는 것이 중요합니다.

5. **성관계와 예방:** HIV 감염인은 상대방에게 감염 사실을 알리지 않고 콘돔을 사용하여 성관계를 가질 수 있지만, 콘돔은 완벽한 예방책이 아니므로, 감염 사실을 상대방에게 알리는 것이 필요합니다.

6. **일상생활과 차별 금지:** HIV 감염인은 일상생활과 직업 활동에 있어 차별을 받지 않으며, 직장에서 해고나 불이익을 받는 것은 법적으로 금지되어 있습니다.

7. **여행 제한:** 대부분의 국가에서 HIV 감염인의 단기여행은 가능하지만, 장기체류의 경우 일부 국가에서는 제한할 수 있습니다.

8. **지원과 인식 개선:** HIV 감염인과 에이즈 환자는 의료 지원, 정서적 지원, 일상생활 지원, 교육 및 인식 개선이 필요하며, 사회적 인식 개선을 통해 차별과 편견을 줄이는 것이 중요합니다.

9. **권리와 의무:** HIV 감염인은 존엄과 가치 존중, 신상 비밀 보호, 직장에서의 차별 없는 대우 등의 인간으로서의 권리를 가지며, 감염 재확산 예방 및 감염전파 가능성이 있는 행위를 금지하는 등의 의무를 갖습니다.

10. **병역 면제와 입대 제한:** HIV 감염인은 병역의무를 면제받게 되며, 국방부는 징병 신체검사에 HIV 검사를 포함해 감염인의 입대를 제한합니다.

Chapter 2

에이즈 역학

...

24. 세계적으로 HIV 감염인 규모는 얼마나 되나요?

세계보건기구(WHO)에 따르면 2022년 말 기준, 전 세계적으로 생존 HIV 감염인은 3,900만 명(3,310만 명~4,570만 명)으로 추정됩니다. 2022년 한 해 동안 신규 HIV 감염인 수는 130만 명(100만 명~170만 명)으로 추정되며, 에이즈로 인해 사망한 HIV 감염인 수는 63만 명(48만 명~88만 명)으로 추정됩니다. 2022년 기준 생존 HIV 감염인의 89%는 항바이러스제 치료를 받았으며 이들 중 93%가 체내 바이러스가 억제되는 효과를 얻었다고 보고하였습니다. 전 세계에서 HIV 감염률이 가장 높은 지역은 사하라 이남 아프리카입니다. 에이즈는 아직 완치할 수는 없지만 이처럼 항바이러스제를 잘 복용하면 에이즈로 인한 사망을 예방하고 질병 진전도 현저히 늦출 수 있습니다.

전 세계 HIV 감염인 분포현황(2022년)

북아메리카 · 중앙유럽
230만 명

카리브해
33만 명

라틴아메리카
220만 명

중동 · 북아프리카
19만 명

서아프리카 · 중앙아프리카
480만 명

동아프리카 · 남아프리카
2,080만 명

동유럽 · 중앙아시아
200만 명

아시아 · 태평양
650만 명

그림 5. 전 세계적 HIV 감염현황(2022년)

25. 국내에서는 어떤 연령대나 성별에서 HIV 감염률이 높나요?

질병관리청 보고에 따르면 2021년 기준 국내 HIV 감염인은 내국인 15,196명으로 남자 14,223명(93.6%), 여자 973명(6.4%)입니다. 특히 20~40대 연령층이 전체 감염인의 60% 정도를 차지하며, HIV 감염인 중 99% 이상이 성접촉을 통해 HIV 바이러스에 감염된 것으로 보고되고 있습니다. 다른 나라와 달리 한국은 '90% 이상이 남성이고 99% 이상이 성접촉에 의해 HIV에 감염되고 있다'라는 독특한 역학적 특성을 고려한 에이즈 예방관리 전략 수립이 무엇보다도 중요합니다.

26. HIV 감염 고위험군이란 무엇인가요?

HIV 감염 고위험군이란 HIV 감염의 위험이 다른 인구군에 비해 상대적으로 높은 특정한 집단을 말합니다. 대표적인 HIV 감염 고위험군으로는 안전하지 않은 성행위를 하는 성매매 행위자, 마약 주사기를 공동으로 사용하는 약물 남용자, 남성 간의 성행위를 하는 동성애자(MSM) 등이 있습니다. 이러한 고위험군을 대상으로 HIV 예방 및 치료 효과를 높이기 위한 맞춤형 프로그램 구축 · 운영이 필요합니다.

27. HIV는 어떻게 감염되나요? 주요 감염경로는 어떻게 되나요?

일반적으로 HIV 바이러스가 많이 존재하는 몸 안의 체액(혈액, 정액, 질액 등)이 타인의 상처나 점막에 접촉하면서 HIV가 전파됩니다. 주요 감염경로는 HIV 감염의 가장 흔한 전파경로인 성접촉(이성 간 성접촉, 동성 간 성접촉)과 오염된 주사기를 공유하는 주사기 공동사용, HIV 감염된 엄마로부터 아이에게 감염되는 모자 수직감염이 있습니다. 이외에도 현재는 매우 드물지만, HIV 감염된 혈액 또는 혈액 제품을 수혈받거나 의료기관에서 의료인들이 HIV에 오염된 바늘이나 날카로운 기구에 찔려서 감염이 발생할 수도 있습니다.

에이즈 바로 알기 '100문 100답(100 Q&As)'

28. HIV 감염위험이 높은 성행위는 무엇인가요?

HIV 감염위험이 높은 성행위는 안전하지 않은 성관계를 말합니다. 안전하지 않은 성행위는 콘돔 등 보호 기구를 사용하지 않는 질 성관계(vaginal intercourse)와 항문 성관계(anal intercourse)를 의미합니다. 특히, 항문 성관계는 질 성관계보다 더 높은 HIV 감염위험성을 가지고 있습니다. 항문의 점막은 매우 취약하며 성행위 중 손상될 가능성이 높아 손상된 점막을 통해 HIV가 체내로 침투하기 용이합니다. 또한, 다수의 성 파트너와 안전하지 않은 성행위를 하는 경우 각 파트너의 감염 상태를 정확히 알기 어렵기 때문에 HIV 감염위험이 높아집니다. 그러므로 콘돔을 올바르게 사용하거나 성 파트너를 최소화하는 안전한 성행위를 통해 HIV 감염위험을 줄이는 노력이 필요합니다.

29. HIV 감염인과 한 번이라도 성관계를 가지면 HIV에 감염되나요?

일반적으로 HIV 감염인과 한 번 성관계를 가진다고 해서 HIV에 감염되지는 않습니다. 그러나 감염위험은 HIV 감염인의 체내 HIV 바이러스 농도, 성행위 형태(질 성관계, 항문 성관계 등), 성병이나 신체 손상의 유무 등 다양한 요인에 따라 영향을 받을 수 있습니다. HIV 감염위험을 최소화하려면 안전한 성행위를 실천해야 합니다. 콘돔을 사용하여 체액 교환을 최소화하고 정기적으로 성병 검사를 받으시는 것이 중요합니다. 만약 HIV 감염인과의 성관계 후 감염 가능성이 걱정된다면 가능한 한 이른 시일 내로 의료기관을 방문하여 전문의와 상의하시는 것을 권고드립니다.

30. 감염경로에 따른 HIV 감염확률은 어떻게 되나요?

HIV 감염확률은 감염경로, 바이러스 농도, 개인의 면역상태 등 다양한 요인들에 따라 영향을 받을 수 있습니다. 일반적으로 HIV 감염경로별 감염확률은 HIV 감염인의 혈액을 수혈받을 경우 90% 이상, 예방적 치료를 받지 않은 상태에서 HIV 감염된 산모로부터 출산된 아기의 경우 25~30%, 정맥주사마약류를 사용하는 사람들 간의 주사기 공동사용의 경우 0.5~1%, HIV 감염인과의 한 번의 성관계를 통해서는 0.1~1%로 매우 낮습니

표 1. 감염경로별 HIV 감염률

감염 경로	감염 확률
감염 경로, 감염확률 감염된 혈액 또는 혈액제제의 수혈	90% 이상
감염된 산모의 출산(예방적 치료를 시행 받지 않았을 경우)	25 ~ 30%
정맥주사, 마약류를 사용하는 사람 간의 주사기 공동사용	0.5 ~ 1%
성관계	0.1 ~ 1%

다. 위험한 성행위를 하면 HIV 감염위험을 피할 수 없습니다. 안전한 성행위와 개인위생 관리를 통해 HIV 감염을 예방하는 것이 가장 중요합니다.

31. HIV 감염인 부모로부터 출산된 아기는 모두 HIV에 감염되나요?

HIV 감염된 부모가 출산한 아기가 모두 HIV에 감염되는 것은 아닙니다. 그러나 아무런 치료를 받지 않는 경우 아기의 HIV 감염 가능성은 25~30% 정도 됩니다. 모체와 자녀 간 수직감염의 위험은 존재하지만 적절한 치료와 예방 조치를 하면 전파 위험을 크게 줄일 수 있습니다. 임신 중 임산부는 태아에게 HIV 감염되는 수직감염을 예방하기 위해 항바이러스제를 복용하고 분만 중 적절한 예방 조치를 잘 받으면 HIV 감염된 임산부로부터 출산한 아기의 HIV 전파 위험을 5% 이하로 낮출 수 있습니다. 출산 후 신생아는 항바이러스제를 복용하고 모유 수유 대신에 대체 영양을 제공받음으로서 HIV 전파 위험을 최소화할 수 있습니다. HIV 감염된 임산부는 출산 전후에 전문의와 상담을 통해 이에 대한 정확한 정보와 조언을 받으시길 바랍니다.

32. HIV 양성판정 후 에이즈 증상이 나타나지 않아도 타인에게 전파 가능한가요?

예, HIV 양성판정 후 에이즈 증상이 나타나지 않아도 타인에게 전파될 수 있습니다. HIV 감염의 초기증상은 종종 독감과 같은 가벼운 증상으로 나타날 수 있으며 감염 후 수년 동안 특별한 에이즈 증상이 나타나지 않습니다. 그러나 이 시기 동안에도 HIV 바이러스는 여전히 체내에 존재하며 체액을 통해 타인에게 전파될 수 있습니다. 그러므로 HIV 감염이 확인된 경우 콘돔을 사용하는 등 안전한 성행위를 실천하고 정기적으로 건강검진도 받아 보는 것을 권고드립니다.

33. 수혈 시 HIV 감염 위험성은 어떻게 되나요?

국가 차원에서 엄격하고 안전한 혈액관리를 위해 모든 헌혈 혈액에 대해 HIV 검사를 수행하고 있어 HIV 감염 위험성은 현저히 낮습니다. 국내의 경우 1987년부터 공여받은 혈액에 대한 HIV 항체검사가 실시되고 있습니다. 항체 미형성기 혈액의 경우 HIV에 감염되었지만 검사결과가 음성으로 나타날 수 있어 2005년부터 HIV RNA를 검출하는 핵산증폭검사가 모든 공여 혈액에 대해 추가되었습니다. 추가로 공여 혈액에 대해 다른 전염병(B형간염 바이러스, C형간염 바이러스 등)에 대한 감염 여부 검사도 수행합니다. 이러한 검사들을 통해 오염된 혈액은 전량 폐기되며 안전한 혈액만 사용되게 됩니다.

34. HIV에 감염되면 바로 증상이 나타나나요?

일반적으로 HIV 감염 후 바로 증상은 나타나지 않습니다. 감염 초기 즉, 감염 후 약 2~4주 이내에 HIV 감염인들은 감기, 발열, 두통, 피로, 발진 등과 같은 초기증상이 발생할 수 있으나 특별히 치료하지 않아도 자연히 소멸합니다. HIV 감염인은 자신의 면역상태에 따라 몇 년에서 수십 년까지 특별한 에이즈 증상이 없는 무증상기간을 갖습니다. 무증상기간 동안 HIV 바이러스는 인체 내에서 계속 복제되어 면역체계를 점진적으로 약화시키지만 특별한 증상은 나타나지 않을 수 있습니다. 마침내 인체 면역체계가 현저히 약화될 경우 에이즈라는 질병이 발생하게 됩니다.

35. 몸에 붉은 반점이 생기면 무조건 에이즈인가요?

아니요, 몸에 붉은 반점이 나타나는 것이 모두 에이즈 상태를 의미하지는 않습니다. 에이즈 환자에서 홍반성 습진, 수두, 건선 등에 의한 붉은 반점이 발생할 수 있지만, HIV 감염과 무관한 상태인 피부질환, 알레르기 등에 의해서도 발생할 수 있습니다.
그러므로 증상만으로는 HIV 감염 여부를 판단할 수 없습니다.

36. 한국인 HIV/AIDS 코호트 연구란 무엇인가요?

한국인 HIV/AIDS 코호트는 2006년부터 한국인 감염인을 대
상으로 구축 · 운영되고 있는 장기추적조사 연구입니다. 본 코
호트는 HIV 감염 시점부터 에이즈 환자 발생 또는 사망까지의
자연사 및 질병 진전에 미치는 요인을 규명함으로써 HIV 감염
인의 생존 기간 연장 및 삶의 질 향상을 도모하고자 국내 16개
병원 기관이 참여하는 다기관 에이즈 코호트로 운영되고 있습
니다. 에이즈 코호트 참여기관은 등록된 HIV 감염인에 대한 역
학, 임상, 치료 정보 및 생물자원(PBMCs, 혈장) 등을 주기적으로
수집합니다. 이러한 자료들은 잘 훈련된 조사원이 표준화된 조
사서로 수집함으로써 자료 품질관리가 보장됩니다. 본 코호트
에 등록된 HIV 감염인을 장기간 추적 조사를 통해 HIV 감염인
의 특성, HIV 감염경로, HIV 감염의 질병 진전, HIV 치료 효
과 및 부작용, 삶의 질 등의 광범위한 자료를 조사 · 수집합니다.
이러한 HIV 코호트 연구는 HIV 감염의 질병 진전 과정을 이해
하고, 새로운 치료법을 개발하고, HIV 감염 예방을 위한 정책을
수립하는 데 매우 중요한 역할을 합니다.

그림 6. 한국 에이즈 코호트 사업 운영체계도

37. 국내 HIV/AIDS 코호트 연구 성과로는 무엇이 있나요?

다기관 에이즈 코호트인 한국인 HIV/AIDS 코호트로부터 수집
된 역학 자료, 임상자료, 생물자원(PBMCs, 혈장) 등을 활용하여 국
내 HIV 감염인의 주요 임상 · 역학적 지표산출, HIV 분리주의
유전적 다양성 및 전파양상, HIV 감염인의 질병 진전 예측, 다
양한 기회감염 합병증의 실태조사 등이 분석되었습니다. 본 코
호트를 통해 수집된 막대한 데이터를 바탕으로 국내 HIV 감염
인과 에이즈 환자에 적합한 맞춤형 치료 가이드라인과 지침이

개발되어 사용되고 있습니다. 이러한 연구성과들은 국내 HIV/ AIDS 치료, 관리, 예방에 대한 정책과 환자들에게 더욱 안전하고 효과적인 치료를 제공하는 데 활용되고 있습니다.

주요 내용 요약 🐷

1. **전 세계 및 국내 HIV 감염현황:** 2022년 말 기준으로, 전 세계적으로 약 3,900만 명의 생존 HIV 감염인이 있으며, 2021년 기준 한국 내에서는 15,196명의 HIV 감염인이 있습니다. 이 중 93.6%는 남성이며, 99% 이상이 성접촉을 통해 감염되었습니다.

2. **HIV 감염 고위험군:** 성매매 행위자, 약물 남용자, 그리고 동성애자(MSM) 등이 HIV 감염의 고위험군에 속합니다.

3. **HIV 전파경로:** HIV는 주로 혈액, 정액, 질액 등의 체액을 통해 전파됩니다. 성접촉, 오염된 주사기의 공동사용, 그리고 모자 간의 수직감염이 주요 감염경로입니다.

4. **감염 위험성:** 안전하지 않은 성관계, 특히 항문 성관계와 콘돔을 사용하지 않는 성관계를 통한 HIV 감염위험이 높습니다.

5. **예방과 검사의 중요성:** HIV 감염인과의 성관계는 반드시 HIV 감염으로 이어지는 것은 아니지만, 감염위험이 있으므로 콘돔 사용과 정기적인 성병 검사가 중요합니다.

6. **감염확률:** 감염경로에 따라 HIV 감염확률이 달라지며, 혈액 수혈의 경우 90%, 주사기 공동사용의 경우 0.51%, 성관계의 경우 0.11% 등으로 나타납니다.

7. **모자 간 수직감염:** HIV에 감염된 부모로부터 태어난 아기가 반드시 HIV에 감염되는 것은 아니며, 적절한 치료와 예방 조치를 통해 감염전파 위험을 크게 줄일 수 있습니다.

8. **HIV 바이러스의 지속성:** HIV 양성판정 후에도 에이즈 증상이 나타나지 않을 수 있으나, HIV 바이러스는 체내에 계속 존재하며, 체액을 통해 타인에게 전파될 수 있습니다.

Chapter 3

에이즈 진단

...

38. HIV 감염을 의심할 때 어떤 증상을 주의해야 하나요?

HIV에 감염된 사람들의 경우 감염 후 약 4주 이내에 발열, 피부발진, 림프절종대, 인후통, 피로감, 근육통, 관절통, 식욕부진, 무력감, 구토, 설사, 메스꺼움 등 다양한 증상들을 나타냅니다. 이러한 증상들은 특별한 치료 없이 4주 후에는 자연적으로 호전됩니다. 드물지만 HIV 감염 초기 에이즈 질환 의심증상이 발생하는 경우 반드시 의사와 상의하고 적절한 치료를 받아야 합니다.

39. 에이즈 검사란 무엇인가요?

에이즈 검사는 주로 혈액 등을 이용해 HIV 감염 여부를 확인하는 검사입니다. 각 지역에 있는 보건소와 병·의원을 방문하여 에이즈 검사를 받을 수 있습니다. 보건소에서는 익명성이 보장되는 HIV 익명검사도 받을 수 있습니다. 또한, 검사결과에 따라 추가적인 검사나 상담, 치료가 필요한 경우가 생길 수 있으므로 의료진과 충분히 상담해 보시기 바랍니다.

40. HIV 항체 미형성기란 무엇인가요?

HIV 항체 미형성기(window period)란 HIV 감염이 발생한 뒤 혈액에서 항체가 검출 가능한 수준까지 생성되는 데 소요되는 시기를 의미합니다. 일반적으로 HIV 항체 미형성기는 감염 후 대략 4~12주 정도로 추정됩니다. 이 기간 동안에는 HIV 감염이 있음에도 불구하고 에이즈 검사(HIV 항체검사)에서 음성 결과가 나올 수 있기 때문에 항체 미형성기를 고려하여 검사를 받는 것이 중요합니다. 항체 미형성기가 지나면 HIV 항체가 충분히 형성되어 에이즈 검사를 통해 감염 여부를 판별할 수 있습니다. 만약 HIV 감염이 의심되지만, 항체 미형성기 때문에 정확한 결과를 얻지 못했다면 HIV 핵산 검사(NAT) 또는 HIV p24 항원 검사를 추가로 받아 보시기 바랍니다. 이들은 항체 미형성기 동안에도 HIV 감염 여부를 판단할 수 있는 보조검사입니다.

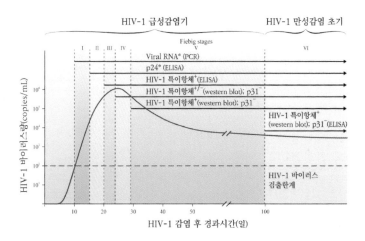

그림 7. HIV 감염 자연사(Natural history)

41. HIV 감염진단이 무엇인가요?

HIV 감염진단은 다양한 에이즈 검사 방법을 사용하여 사람의 체액(혈액, 정액, 질액 등)에 HIV 바이러스가 있는지를 확인하는 과정입니다. HIV 감염진단에는 HIV 항체검사, HIV 신속진단 검사, HIV 항원-항체 동시진단 검사, HIV 핵산검사 등 다양한 방법들이 사용됩니다. 만약 검사결과가 양성으로 나오는 경우 의료진과의 상담을 통해 추가적인 검사 및 최종적인 감염 여부를 판정하시기 바랍니다.

표 2. HIV 감염진단 기준

구분	검사기준	검사법	세부 검사법
생후 18개월 미만인 자	검체(혈액)에서 p24 특이 항원 검출이면서 항원 중화검사 양성	항원검출검사	EIA
	검체(혈액)에서 특이 유전자 검출	유전자검출검사	Real-time RT-PCR 등
생후 18개월 이상인 자	검체(혈액)에서 특이 항체 검출 (웨스턴블롯법으로 양성인 경우)	항원검출검사	웨스턴블롯
	검체(혈액)에서 p24 특이 항원 검출이면서 항원 중화검사 양성	항원검출검사	EIA
	검체(혈액)에서 특이 유전자 검출	유전자검출검사	Real-time RT-PCR 등

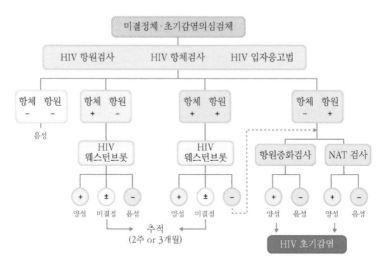

그림 8. HIV 감염 확인진단 흐름도

42. HIV 선별검사와 확진검사의 차이점은 무엇인가요?

HIV 감염 여부를 판단하는 가장 기본적인 기준은 HIV 항체 생성 여부입니다. 국내 HIV 감염진단 검사는 HIV 선별검사와 확진검사로 이루어집니다. 선별검사는 보건소, 병·의원, 임상검사센터 등의 선별검사기관에서 실시하는 HIV 검사로 대부분 한 가지 HIV 검사법을 사용합니다. 확진검사는 에이즈확인진단기관인 질병관리청과 전국 보건환경연구원에서 실시하는 HIV 검사로 웨스턴 블롯(Western blot) 검사를 포함하는 세 가지 이상의 서로 다른 HIV 검사법을 통해 결과를 종합 분석하여 최종적으로 HIV 감염 여부를 판정합니다.

43. HIV 검사법에는 어떤 것들이 있나요?

HIV 검사법은 다양하며 현장 상황을 고려하여 적합한 검사법을 결정해야 합니다. HIV 항체검사(Antibody test)는 가장 일반적인 검사로 HIV 감염이 발생한 후 생성된 HIV 항체를 혈액에서 검출하는 방법입니다. HIV 입자 응고법(Particle Agglutination)과 HIV 신속진단 검사(Rapid HIV Test) 등이 해당합니다. HIV 감염 후 평균적으로 약 4~12주에 해당하는 항체 미형성기(window period)에는 검사결과가 음성으로 나올 수도 있습니다. HIV 신속진단 검사는 응급상황 등 특별한 경우로 제한하여 사용되는 항체검사입니다. 혈액이나 침을 이용하여 진행되며 검사결과가 몇 분 내로 빠르게 나온다는 장점이 있지만, 민감도와 특이도가 상대적으로 낮다는 단점도 있습니다. HIV 항원-항체 동시검사(Antigen-Antibody test)는 혈액에서 HIV 항체와 항원 중 어느 하나라도 검출되면 양성으로 판정됩니다. 감염 후 2~6주 내 HIV 감염 여부를 확인할 수 있습니다. 핵산검사(Nucleic Acid Test, NAT)는 혈액 내에 존재하는 HIV 바이러스를 직접 검출하는 검사로 항체 미형성기에도 감염 여부를 확인할 수 있습니다. 감염 후 1~4주 정도에서 결과를 확인할 수 있으나 비용이 많이 듭니다.

상기와 같은 검사법 중 하나라도 양성이 나올 경우 추가 검사 및 의료진과의 상담을 통해 감염 여부를 정확하게 확인하여야 합니다.

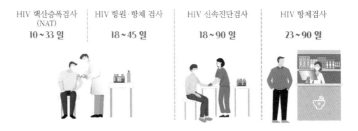

HIV 핵산증폭검사 (NAT)	HIV 항원·항체 검사	HIV 신속진단검사	HIV 항체검사
10~33 일	18~45 일	18~90 일	23~90 일

그림 9. HIV 검사종류별 항체 미형성 기간(미국 CDC 기준)

44. 효소면역검사(ELISA), 신속진단검사(Rapid test), 웨스턴 블롯(Western blot)이란 무엇인가요?

HIV 감염이 의심되는 사람의 체액(혈액, 정액, 질액 등)에 HIV 바이러스 존재 여부를 확인하는 과정 중 가장 기본적인 방법이 HIV 항체를 측정하는 것입니다. HIV 항체를 측정하는 방법에는 효소면역검사(ELISA, Enzyme-linked Immunosorbent Assay), 신속진단검사(Rapid test), 항체 중화검사와 웨스턴 블롯검사(Western blot assay)가 있습니다. 효소면역검사는 특정 항체나 항원을 검출하기 위한 실험법입니다. 검출하고자 하는 항원(또는 항체)이 함유된 시료를 고체에 부착시키고 효소가 부착된 항체가 결합함으로써 첨가된 기질이 효소 반응을 통해 색깔이 변화된 것을 분광광도계(spectrophotometer)를 사용해 측정하는 과정을 통해 원하는 항원(또는 항체)의 양이 측정됩니다. 효소면역검사는 간단하며 민감도가 높고 소요 비용이 적은 것이 장점입니다.

HIV 신속진단검사는 HIV 감염 여부를 빠르게 확인하기 위한 검사법으로 혈액 또는 침을 사용하여 검사가 진행되며 검사결과를 몇 분 내에 확인할 수 있다는 장점이 있습니다. 그러나 이 검사는 일반적인 검사에 비해 민감도와 특이도가 낮습니다. 그러므로 응급한 상황 즉, 가능한 이른 시간에 추가 검사나 치료에 관한 결정을 내려야 하는 경우로 사용을 제한하고 있습니다. 신속진단 검사결과가 양성이거나 모호한 경우 기타 검사법(효소면역검사, 웨스턴 블롯)을 통해 검사결과를 확인하셔야 합니다.

HIV 웨스턴 블롯 검사는 선별검사(효소면역검사, 신속진단검사)에서 양성 반응이 나온 경우 최종적인 HIV 감염 여부를 확인하기 위해 사용되는 확진 검사법입니다. 웨스턴 블롯검사는 HIV 바이러스의 특정 단백질에 대한 항체들의 종류까지 확인할 수 있는 방법입니다. 본 검사는 높은 민감도와 특이도를 가지고 있어 HIV 감염 여부를 정확하게 확인할 수 있습니다. 그러나 검사 시간이 길고 검사비용도 상대적으로 비쌉니다.

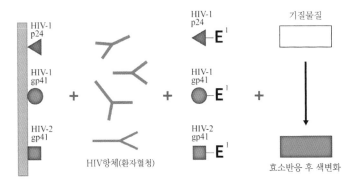

그림 10. HIV 효소면역검사(ELISA) 모식도

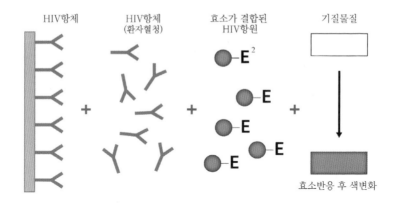

그림 11. HIV 항체 중화검사 모식도

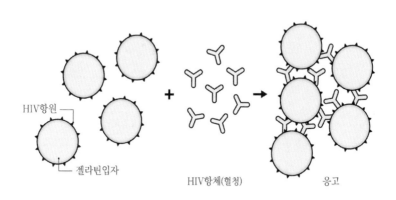

그림 12. HIV 입자 응고법(PA) 모식도

에이즈 바로 알기 '100문 100답(100 Q&As)'

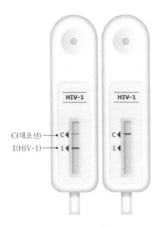

그림 13. HIV-1 신속진단검사 키트

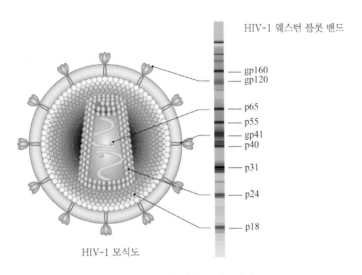

그림 14. HIV 웨스턴 블롯 밴드 패턴

45. HIV 항원검사란 무엇인가요?

HIV 항원검사는 HIV 감염을 확인하기 위해 사용되는 보조검사로 HIV 바이러스의 항원을 직접 탐지하는 방법입니다. HIV 바이러스 항원 중 코어 단백질인 p24 항원은 HIV 감염 초기에 높은 농도로 존재합니다. 그러므로 HIV 항원검사는 감염 초기 조기 진단 목적으로 사용되며 항체 미형성기에도 HIV p24 항원을 검출하여 감염 여부를 보조적으로 확인할 수 있습니다.

46. HIV 항원 · 항체 동시검사란 무엇인가요?

HIV 항원 · 항체 동시검사는 HIV 감염 여부를 확인하기 위해 HIV 항원과 항체를 동시에 검출하는 검사법으로 HIV 감염 초기 감염 여부를 판정하는 데 용이합니다. 항체 미형성기와 같은 HIV 감염 초기에는 HIV 항원은 존재하지만, 항체가 검출하기 충분한 양으로 존재하지 않을 수 있습니다. HIV 항원 · 항체 동시검사결과가 양성인 경우(HIV 항원 양성 또는 HIV 항체 양성 또는 모두 양성) 웨스턴 블롯검사로 확진하시기 바랍니다.

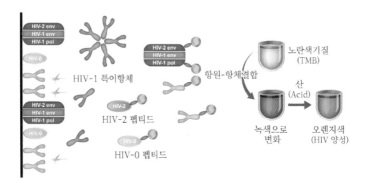

그림 15. HIV 항원 · 항체 동시진단검사 모식도

47. HIV 핵산증폭검사(NAT)란 무엇인가요? 정량검사와 정성검사란?

HIV 핵산증폭검사(Nucleic Acid Test, NAT)는 HIV 바이러스를 직접 검출하는 검사입니다. NAT 검사는 HIV 감염 초기 항체가 충분히 생기지 않은 항체 미형성기에 HIV 감염 여부를 정확하게 판정하는 데 용이합니다. NAT 검사에는 정량검사와 정성검사 두 가지 종류가 있습니다. 정량검사는 혈액 내 바이러스 유전물질이 얼마만큼 존재하는지를 HIV RNA 양(viral load)으로 측정합니다. 바이러스 정량 수치는 감염의 수준을 나타내며 또한 항바이러스제 치료 시 치료 효과를 평가하는 주요지표로 사용됩니다. 정성검사는 혈액 내 HIV 바이러스 존재 여부를 판정하는 데 사용됩니다. 정성검사는 주로 감염 초기 또는 항체 미형성기에 진단 목적으로 사용됩니다. 비록 NAT 검사가 높은 정확도가 있으나 검사비용이 비싸고 전문 장비와 기술이 필요하므로 선별검사로는 사용되지 않습니다.

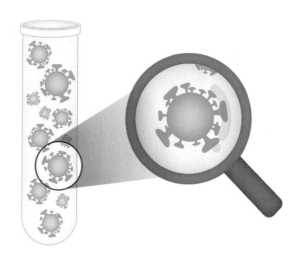

그림 16. HIV 핵산증폭검사(NAT)

48. HIV 감염인과 성관계 후 바로 검사하면 감염 여부를 알 수 있나요?

HIV 감염인과 성관계 후 바로 검사를 하면 감염 여부를 정확하게 알기 어렵습니다. 이는 항체 미형성기(window period) 때문입니다. 항체 미형성기란 HIV 감염이 발생한 후 HIV 항체가 혈액에서 검출되기 충분한 농도까지 만들어지는 시기를 의미합니

에이즈 바로 알기 '100문 100답(100 Q&As)'

다. 이 기간 동안에는 HIV 감염이 있음에도 불구하고 항체검사에서 음성 결과가 나올 수 있습니다. 일반적으로 항체 미형성기는 감염 후 약 4주에서 12주 정도로 추산됩니다. 항체 미형성기에는 핵산 검사(NAT)와 항원검사를 통해 HIV 감염 여부를 확인할 수 있습니다.

49. 헌혈 혈액에 대하여 HIV 검사는 이루어지나요?

네. 국내의 경우 모든 헌혈 혈액에 대해 HIV 검사는 이루어집니다. 헌혈 혈액의 안전성을 확보하기 위하여 HIV뿐만 아니라 다른 전염성 질환(B형간염 바이러스, C형간염 바이러스 등)에 대해서도 검사가 이루어집니다. 일반적으로 헌혈 혈액에 대한 HIV 검사는 항체검사, 항원검사, 핵산증폭검사(NAT) 모두 사용되며 검사결과가 양성인 경우 헌혈한 혈액은 모두 폐기됩니다.

50. HIV 검사(에이즈 검사)는 반드시 실명으로 해야 하나요?

HIV 검사(에이즈 검사)를 받을 때 실명뿐만 아니라 익명 사용도 가능합니다. 일반적으로 지역 보건소에서 HIV 검사를 받는 사람들에게 개인 정보를 보호하면서 검사 접근성을 향상시키기 위해 익명검사를 활성화하고 있습니다. HIV 검사결과가 양성으로 나온 경우 익명으로 진행되었다 하더라도 전문가와 상담하고 적절한 치료를 받기 위해 본인 동의하에 실명으로 전환될 수 있습니다.

51. 보건소 검사는 병원 검사보다 부정확한가요?

보건소, 병·의원, 임상검사센터 등 선별검사기관에서 사용하는 HIV 검사 시약은 정확도가 높은 제품으로 엄격한 기준과 검사 절차를 준수하면 검사결과의 신뢰성은 보장할 수 있습니다. 개개인의 상황에 따라 적합한 검사기관을 선택하시기 바랍니다.

52. 검사결과가 양성이면 무조건 외관상 표시가 나나요?

아니요. HIV 검사결과가 양성이라 하더라도 외관상으로 무조건 표시가 나타나지는 않습니다. HIV 감염 초기에는 발열, 두통, 인후통, 발진 등과 같은 일반적인 감기와 유사한 증상이 나타날 수 있습니다. 이러한 증상은 일시적이고 때로는 감지되지 않을 정도로 미미한 수준입니다. 비록 HIV에 감염되었다고 할지라도 오랜 기간 동안 별다른 증상이 없는 무증상 시기를 거칩니다. 이러한 시기에 적절한 치료를 받지 않으면 면역체계가 약화되어 암과 기타 전염성 질환 등 복합적인 증상인 에이즈가 발생하게 됩니다.

주요 내용 요약

1. **에이즈 검사:** 에이즈 검사는 혈액을 통해 HIV 감염 여부를 진단하며, 익명으로 수행되는 HIV 익명검사도 가능합니다.

2. **HIV 항체 형성 기간:** HIV 감염 후 항체가 혈액에서 검출 가능한 수준까지 생성되는 시기는 대략 4~12주입니다.

3. **HIV 감염진단 방법:** HIV 감염진단은 HIV 항체검사, 신속진단검사, 항원-항체 동시진단검사, 핵산검사 등 다양한 방법을 통해 이루어집니다.

4. **선별검사와 확진 검사:** HIV 선별검사는 보건소, 병원에서 실시되며 한 가지 검사법을 사용합니다. 확진 검사는 질병관리청에서 실시하며 세 가지 이상의 서로 다른 검사법을 통해 결과를 분석합니다.

5. **HIV 항체검사:** HIV 감염 후 생성된 항체를 혈액에서 검출하는 방법으로, 초기에는 결과가 음성으로 나타날 수 있습니다.

6. **항원-항체 동시검사:** 혈액에서 HIV 항체와 항원 중 하나라도 검출되면 양성으로 판정되며, 감염 후 2~6주 이내에 HIV 감염 여부를 확인할 수 있습니다.

7. **핵산검사:** 혈액 내 존재하는 HIV 바이러스를 직접 검출하는 검사로, 감염 후 1~4주 사이에 결과를 확인할 수 있습니다.

8. **HIV 핵산 증폭검사:** HIV 바이러스를 직접 검출하는 검사로, 항체 형성기에도 HIV 감염 여부를 정확하게 판정하는 데 유용합니다.

9. **웨스턴 블롯검사:** 선별검사에서 양성 반응이 나온 경우 최종적인 HIV 감염 여부를 확인하기 위해 사용됩니다.

10. **헌혈 혈액검사:** 국내에서는 모든 헌혈 혈액에 대해 HIV 검사가 실시되며, HIV뿐만 아니라 다른 전염성 질환에 대해서도 검사를 진행합니다.

Chapter 4

HIV 항바이러스제와 백신

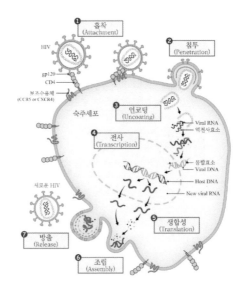

53. HIV 항바이러스제란 무엇인가요?

HIV 항바이러스제는 에이즈 발생 원인 병원체인 HIV 바이러
스 복제를 차단하거나 억제하는 약물입니다. 이 약물은 HIV 감

그림 17. HIV 생활사(Life cycle)

염에 의한 인체 면역체계 손상을 최소화시키고 감염에 의한 합병증 발생을 감소시키는 역할을 합니다. HIV 항바이러스제는 에이즈를 완전히 치유하지는 못하지만, 전문의와 상의하여 잘 복용한다면 HIV 감염인이 일반인과 비슷하게 오랫동안 건강한 상태를 유지할 수 있습니다.

54. HIV 항바이러스제 종류에는 어떤 것들이 있나요?

HIV 항바이러스제는 HIV 바이러스 생활사 즉, HIV 바이러스의 침투, 복제, 방출 등 전 과정 중 각각의 단계를 차단하는 약물로 개발되어 HIV 감염인과 에이즈 환자에 사용되고 있습니다. 주요 항바이러스제 종류에는 뉴클레오사이드 역전사효소억제제(Nucleoside/Nucleotide Reverse Transcriptase Inhibitors, NRTIs), 비뉴클레오사이드 역전사효소억제제(Non-Nucleoside Reverse Transcriptase Inhibitors, NNRTIs), 단백질분해효소억제제(Protease Inhibitors, PIs)와 통합효소억제제(Integrase Strand Transfer Inhibitors, INSTIs) 등이 있습니다. 그 밖에 바이러스가 세포에 침투하는 것을 막는 융합억제제(Fusion Inhibitors, FIs)와 HIV 침투 시 필요한 보조 수용체인 CCR5 수용체를 차단하는 CCR5 억제제(CCR5 Antagonists)도 개발되어 사용되고 있습니다.

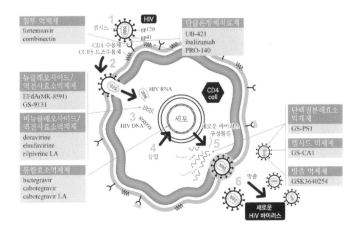

그림 18. HIV 항바이러스제 종류

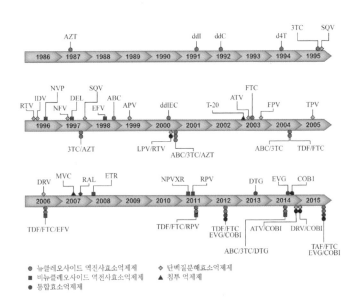

그림 19. HIV 항바이러스제 개발 흐름도

에이즈 바로 알기 '100문 100답(100 Q&As)'

55. 역전사효소억제제(NRTIs, NNRTIs)란 무엇인가요?

역전사효소억제제는 HIV 바이러스 유전물질이 복제될 때 사용되는 역전사효소(reverse transcriptase)를 억제하여 복제를 차단하는 약물입니다. 이러한 약물에는 크게 2종류 즉, 뉴클레오사이드 역전사효소억제제(Nucleoside Reverse Transcriptase Inhibitors, NRTIs)와 비뉴클레오사이드 역전사효소억제제(Non-Nucleoside Reverse Transcriptase Inhibitors, NNRTIs)가 있습니다. 뉴클레오사이드 역전사효소억제제(NRTIs)는 역전사효소와 결합하여 HIV 자신의 DNA 합성을 억제함으로써 HIV 바이러스 복제를 차단하는 약물입니다. 이러한 약물에는 지도부딘(Zidovudine, AZT), 라미부딘(Lamivudine, 3TC), 스타부딘(Stavudine, D4T), 아바카비르(Abacavir, ABC), 디다노신(Didanosine, DDI), 테노포비르(Tenofovir, TDF) 등이

그림 20. HIV 치료제: 역전사효소억제제의 작용기전

있습니다. 비뉴클레오사이드 역전사효소억제제(NNRTIs)는 HIV 역전사효소의 활성을 억제 즉, 역전사효소의 다른 활성 부위에 결합하여 역전사효소 동작을 억제함으로써 HIV 바이러스 복제를 차단하는 약물입니다. 이러한 약물에는 에파비렌즈(Efavirenz, EFV), 에트라비린(Etravirine, ETR), 누비라핀(Nevirapine, NVP), 릴피비린(Rilpivirine, RPV) 등이 있습니다.

56. 단백질분해효소억제제(PIs)란 무엇인가요?

단백질분해효소억제제(Protease Inhibitors, PIs)는 HIV 바이러스 생성 및 복제과정에 필수적인 단백질분해효소인 프로테아제(protease)를 차단하는 약물입니다. 프로테아제는 새로운 HIV 바이러스 생성과정에서 바이러스 단백질 전구체를 분해하여 각각 제 기능을 할 수 있는 완전한 바이러스 단백질을 만드는 역할을 합니다. 단백질분해효소억제제는 프로테아제의 활성 부위에 결합하여 이 효소의 작동을 차단하여 새로운 바이러스 생성을 차단합니다. 주요 단백질분해효소억제제로는 다루나비르(Darunavir, DRV), 리토나비르(Ritonavir, RTV), 사퀴나비르(Saquinavir, SQV), 아타자나비르(Atazanavir, ATV) 등이 있습니다.

57. 통합효소억제제(INSTIs)란 무엇인가요?

🔊 통합효소억제제(Integrase Strand Transfer Inhibitors, INSTIs)는 HIV 바이러스 생성 및 복제과정에 관여하는 통합효소(integrase)를 차단하는 약물입니다. 통합효소는 HIV 바이러스가 감염한 숙주세포의 유전물질인 DNA에 바이러스 DNA를 삽입시키는 데 필요한 효소입니다. 통합효소억제제는 통합효소 작동을 차단하여 바이러스 DNA가 숙주세포 DNA 사이로 끼어 들어가는 것을 차단합니다. 이로 인해 바이러스가 세포 내에서 복제되고 다른 세포로 전파되는 것이 억제됩니다. 주요 통합효소억제제에는 랄테그라비르(Raltegravir, RAL), 돌루테그라비르(Dolutegravir, DTG), 엘비테그라비르(Elvitegravir, EVG) 등이 있습니다.

58. 기존에 사용되고 있는 치료제의 제한점을 극복하기 위해 새로운 HIV 항바이러스제 개발은 어떻게 진행되고 있나요?

🔊 기존의 HIV 항바이러스제들이 HIV 감염인과 에이즈 환자 생명 연장에 큰 도움을 주고 있으나 약물내성, 부작용, 불편한 복용 용이성 등의 제한점도 나타나고 있습니다. 이러한 제한점을 극복하기 위해 1) 기존 약물내성과 부작용을 극복할 수 있는 새로운 종류의 항바이러스제 개발, 2) 불편한 복용 용이성을 개선하여 환자의 치료 순응도를 높이기 위한 여러 가지 항바이러스

제를 하나의 정제로 복합화하는 단일정제 복합제(single-tablet) 개발, 3) 약물의 용량과 효능(지속성)을 향상하여 복용 편이성을 높이고 부작용을 감소시키는 약물전달시스템 개선 등의 노력이 진행되고 있습니다. 향후 새로운 항바이러스제의 개발은 HIV 감염에 대한 전체적인 치료 효과를 크게 향상시키는 데 기여할 것입니다.

59. 새로운 차원의 HIV 치료제에는 어떤 것들이 있나요?

기존에 개발되어 사용되고 있는 30여 종의 항바이러스제 이외에도 새로운 개념의 HIV 치료제들이 지속적으로 개발되고 있습니다. 대표적인 신개념 HIV 치료제로 범용 중화항체(bNAb; broadly neutralizing antibody), 이중표적치료제(DART; Dual-Affinity Re-Targeting), 키메릭 항원 수용체 T세포 치료제(CART; Chimeric Antigen Receptor T-cell therapy) 등이 있습니다. 범용 중화항체(bNAb)는 모든 HIV 변종들을 타깃으로 하여 감염을 막거나 완화하는 항체치료제입니다. 이러한 중화 항체들은 HIV 치료뿐만 아니라 예방과 백신 개발에도 중요한 역할을 하고 있습니다. HIV 감염인은 자연면역을 통해 일부 중화항체를 생성하기도 하지만 이들 중 대부분은 다양한 HIV 변종들을 억제하지는 못합니다. 따라서 연구자들은 범용 중화항체를 인공적으로 개발하여 감염의 예방과 치료에 사용하려는 노력을 시도하고 있습니

에이즈 바로 알기 '100문 100답(100 Q&As)'

다. DART는 면역세포와 HIV 감염 세포를 동시에 타깃으로 하는 이중표적치료제입니다. DART 분자는 두 가지 다른 항체의 특정 부분과 결합하는 구조를 가지고 있으며 이를 통해 면역세포를 HIV 감염 세포에 동시에 결합합니다. 이 과정에서 세포독성 T세포(cytotoxic T cells)는 감염된 세포를 인식하고 파괴합니다. DART 기술은 다양한 종류의 암 치료에 적용되고 있으며 HIV 치료에서도 효과적인 결과를 얻을 수 있을 것으로 기대됩니다. CART는 환자의 면역세포 특성을 활용한 키메릭 항원 수용체 T세포 치료제로 암 치료에서 이미 상당한 진보가 이루어지고 있어 HIV 치료에도 효과적일 것으로 예상합니다. 이처럼 새로운 개념의 HIV 치료제들이 기존 항바이러스제의 한계점을 극복하는 방향으로 지속적으로 개발되고 있습니다.

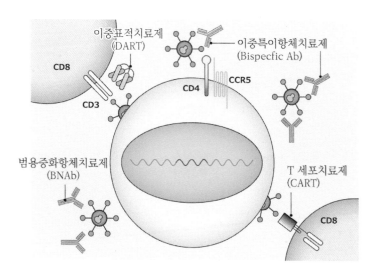

그림 21. 신개념 HIV 치료제 종류

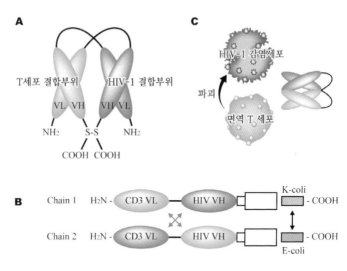

A

T세포 결합부위   HIV-1 결합부위

VL VH   VH VL

NH₂   S-S   NH₂

COOH COOH

C

HIV-1 감염세포

파괴

면역 T 세포

B   Chain 1   H₂N - CD3 VL ━ HIV VH ▢ K-coli ▨ - COOH

Chain 2   H₂N - CD3 VL ━ HIV VH ▢ ▨ - COOH   E-coli

그림 22. 이중표적치료제(DART) 작용 모식도

60. HIV 변이란 무엇인가요?

HIV 변이는 HIV 바이러스의 돌연변이를 말합니다. HIV 바이러스는 매우 빠르게 변이하는 바이러스로 새로운 변이가 계속해서 나타나고 있습니다. 이러한 변이들은 HIV 바이러스의 전파력을 높이거나 항바이러스제에 대한 내성을 증가시킬 수 있습니다. 현재까지 발견된 HIV 변이에는 M(major), O(outlier), 그리고 N(new, non M/non O) 그룹이 보고되고 있습니다. 이 중 대부분을 차지하는 M 그룹에는 10종 이상의 아형(subtype A, B, C 등)이 보고되고 있습니다. 이 밖에도 CRF(circulating recombinant form)

와 URF(unique recombinant form)라는 재조합 변이주들도 보고되고 있습니다. 한국의 경우 HIV 변이의 대부분이 HIV-1 B형(subtype B)으로 다른 나라에서 유행하고 있는 B형과는 구분되는 독특한 특징을 나타내고 있어 한국형 B형이라고 불립니다. O Group은 주로 중앙아프리카 지역에서 발견되며 M 그룹과는 다른 특성 이 있습니다. 이처럼 HIV 변이주는 나라마다 지역마다 독특한 분포와 전파양상을 나타내고 있어 지역 맞춤형 에이즈 백신 개 발 시 이러한 점을 고려해야 합니다.

그림 23. HIV-1 아형의 세계적인 분포현황

61. HIV 계통분석이란 무엇인가요?

HIV 계통분석(phylogenetic analysis)은 바이러스의 유전자 염기서 열을 이용하여 HIV 바이러스의 유전적 관계와 진화경로를 분석하는 방법입니다. 이 방법은 바이러스 감염의 전파경로와 감염집단 간의 연관성을 파악하는 데 중요한 도구로 사용되고 있습니다. HIV는 유전자 변이가 빈번하게 발생하는 바이러스로 HIV 유전자 염기서열 간의 관계를 분석하여 바이러스들 사이의 진화적 관계를 심층적으로 규명할 수 있습니다. HIV 계통분석은 국가별 지역별 HIV 아형(subtype) 분포특성 규명, HIV 전파경로 추적 및 항바이러스제 약물내성과 치료실패 원인 규명 등에 광범위하게 사용되고 있습니다.

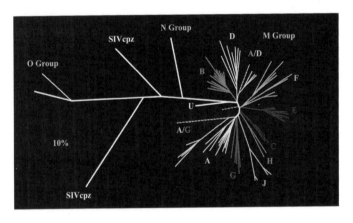

그림 24. HIV 변이 계통분석

62. 에이즈 백신이란 무엇인가요?

에이즈 백신은 HIV 감염을 예방하거나 그 효과를 최소화하기

에이즈 바로 알기 '100문 100답(100 Q&As)'

위한 백신입니다. 에이즈 백신의 주요 목표는 인체면역시스템이 HIV를 효과적으로 식별하고 차단하거나 제거하는 데 필요한 면역반응을 촉진하는 것입니다. 이렇게 하면 HIV 감염의 위험을 줄이고 감염이 발생한 경우 바이러스의 활동을 제한하여 에이즈와 같은 질병의 발생을 막을 수 있습니다. 그러나 에이즈 원인 병원체인 HIV는 변이가 매우 잦아 HIV 발견 후 40여 년 동안 에이즈 백신 개발을 위해 수많은 과학자들이 끊임없이 노력을 하고 있지만, 불행하게도 아직 예방백신은 개발하지 못하고 있습니다. 이러한 난제를 극복하기 위하여 현재 다양한 최첨단 접근 방식을 통해 백신 개발을 시도하고 있으며 임상시험에 들어간 백신 후보물질들도 다수 보고되고 있는 실정입니다.

재조합 백신(gp120)

합성펩티드 백신(V3)

DNA 백신

재조합 벡터
(바이러스, 박테리아)

사백신

약독화 생백신

그림 25. 다양한 HIV 백신들

63. 현재까지 시도된 에이즈 백신 개발 현황은 어떻게 되나요?

지난 수십 년 동안 여러 가지 유형의 에이즈 백신 후보들이 임상시험에 들어갔으나 높은 HIV 변이로 인하여 백신 개발은 번번이 실패했습니다. 2009년 태국에서 진행된 RV144 임상시험은 HIV 백신 후보물질로 gp120 단백질과 ALVAC 벡터를 이용한 칵테일 백신을 사용하였으며 백신 접종자의 약 31% 정도가 HIV 예방 효과를 보였다는 소식이 가장 긍정적인 뉴스입니다. 전 세계 연구자들은 다양한 백신 후보물질과 가장 최근에는 HIV mRNA 백신 임상시험(HVTN 302)도 수행하고 있으며 면역치료 및 유전자 치료라는 신기술을 사용하여 인체의 면역반응을 강화하거나 HIV가 인체에 침입하는 능력을 차단하여 감염을 예방하는 노력을 기울이고 있습니다. 앞으로 더 많은 연구와 임상시험을 통해 다양한 HIV 변이주에 효과적인 에이즈 백신 개발이라는 목표에 점점 더 다가갈 것으로 기대됩니다.

64. 에이즈 백신 개발은 어떤 어려움을 겪고 있나요?

에이즈 백신 개발의 가장 큰 난제는 HIV 바이러스가 매우 빠르게 변이하고 있어 HIV 변이주 전체를 예방할 수 있는 범용 백신 개발이 어렵다는 현실입니다. 또한, 새로운 백신 후보물질에 대한 효능 검증을 위해 대규모의 복잡한 임상시험이 요구되며

에이즈 바로 알기 '100문 100답(100 Q&As)'

일반적으로 임상시험에는 10년 이상의 오랜 시간과 천문학적인 비용이 필요합니다. 전 세계 연구진들은 이러한 난제들에도 불구하고 HIV 백신 개발을 성공적으로 실현하기 위해 다양한 연구와 임상시험들을 계속 진행하고 있습니다.

65. 에이즈 백신 개발의 성공을 위해 어떤 기술적 발전이 필요한가요?

에이즈 백신 개발의 성공을 위해서는 다양한 최첨단 기술이 필요합니다. 막대한 양의 백신 후보물질을 조작하고 스크리닝하는 핵심 기술로 빅데이터 분석과 유전자 편집기술이 중요한 역할을 할 것으로 생각됩니다. 더불어 최첨단 인공지능(AI) 기술은 HIV 백신 개발의 효과성을 향상하는 핵심적인 역할을 할 것이며 백신 후보물질을 표적 세포에 정확하게 전달하는 나노 약물 전달시스템 개발기술도 중요한 역할을 담당할 것입니다. 앞으로 이러한 기술적 발전과 다양한 연구들이 함께 진행된다면 HIV 감염을 예방하거나 치료할 수 있는 에이즈 백신 개발의 가능성은 높아질 것으로 예상합니다.

66. 치료제 및 백신 개발과정단계 중 임상시험이란 무엇인가요?

임상시험은 새로운 치료제, 백신 등의 효과와 안전성을 평가하기 위해 인간 대상으로 시행되는 연구입니다. 이 단계는 치료제 및 백신 개발 과정에서 중요한 요소로 작용하며 의학 분야에서 새로운 치료, 진단, 예방법을 적용하는 데 핵심적인 역할을 합니다. 일반적으로 임상시험은 3가지 단계로 이루어집니다. 임상시험 1단계(Phase I)는 약물이 인체에 어떻게 작동하는지 잠재적인 부작용이 있는지 그리고 적절한 용량 범위가 어떤지를 평가합니다. 대개 건강한 사람을 대상으로 소규모 시험(20~100명)이 이루어집니다. 임상시험 2단계(Phase II)는 치료제나 백신의 효능, 안전성, 최적의 용량을 평가하기 위해 좀 더 큰 인원(100~300명)을 대상으로 시험이 이루어집니다. 임상시험 3단계(Phase III)는 대략 1000~3000여 명의 대규모를 대상으로 치료제의 효과와 안전성을 평가합니다. 대조군(Placebo)과 비교한 결과를 기반으로 치료제의 실제 효용성을 평가하며 이 단계에서 성공적인 결과가 나오면 식품의약품안전청과 같은 국가 당국으로부터 치료제 또는 백신 승인을 받을 수 있습니다. 추가로 임상시험 4단계(Phase IV)라는 것이 있는데 당국으로부터 승인받은 치료제 또는 백신이 시장에 출시된 이후에 이루어집니다. 이 단계에서는 대규모 환자집단을 대상으로 약물의 장기 안전성과 효과, 부작용 등과 같은 약물 효과정보와 다른 약물과의 상호작용 등에 대한 정보 등을 조사하게 됩니다.

주요 내용 요약

1. **HIV 항바이러스제:** 이들은 HIV 바이러스의 복제를 차단하거나 늦추는 약물로, 에이즈를 완전히 치료할 수는 없지만, 환자가 건강한 상태를 유지하도록 돕습니다.

2. **항바이러스제의 작용:** HIV 바이러스의 침투, 복제, 방출 등을 차단하는 다양한 약물이 있으며, 여기에는 뉴클레오사이드 역전사효소억제제, 비뉴클레오사이드 역전사효소억제제 등이 포함됩니다.

3. **역전사효소억제제:** 이 약물은 HIV 바이러스 유전물질의 복제에 필수적인 역전사효소를 억제함으로써 바이러스의 복제를 막습니다.

4. **단백질분해효소억제제:** HIV 바이러스의 생성 및 복제과정에 필수적인 프로테아제를 차단하는 약물입니다.

5. **통합효소억제제:** HIV 바이러스의 생성 및 복제과정에 관여하는 통합효소를 차단합니다.

6. **새로운 HIV 항바이러스제 개발:** 기존의 약물내성과 부작용을 극복하고, 복용 용이성과 약물의 효능을 개선하기 위해 진행 중입니다. 신개념 치료제로는 범용 중화항체, DART, CART 등이 있습니다.

7. **HIV 변이:** HIV 바이러스는 매우 빠르게 변이할 수 있으며, 이는 약물내성 증가로 이어질 수 있습니다.

8. **HIV 계통분석:** 바이러스의 유전적 관계와 진화경로를 분석하는 방법으로, 바이러스의 유전자 염기서열을 이용합니다.

9. **에이즈 백신:** HIV 감염을 예방하거나 그 효과를 최소화하기 위한 백신으로, 바이러스의 높은 변이율로 인해 개발이 어렵습니다.

10. **임상시험:** 새로운 치료제와 백신의 효과와 안전성을 평가하기 위해 인간을 대상으로 시행되는 시험으로, 일반적으로 3단계로 진행됩니다.

Chapter 5

X

에이즈 환자 치료

67. 에이즈 주요증상은 무엇인가요?

에이즈는 HIV 감염에 의한 면역체계의 심각한 약화로 나타나는 질병입니다. 에이즈 증상 중 대표적인 기회감염 질환(기생충, 세균, 바이러스, 진균에 의한 감염질환)으로 캔디다 감염증(식도, 기관지,

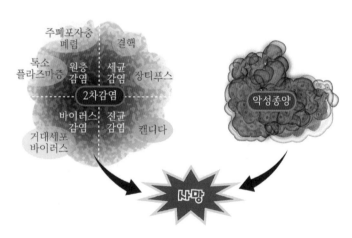

그림 26. 2차 감염과 에이즈 증상 발생

에이즈 바로 알기 '100문 100답(100 Q&As)'

폐), 다발성 세균감염, 거대세포바이러스 망막염, 카포시육종, 폐포자충 폐렴, 뇌의 톡소포자충증, 재발성 살모넬라 패혈증, 침습성 자궁경부암 등이 있습니다. 국내 HIV 감염인에서 흔히 나타나는 기회감염증으로 폐포자충 폐렴, 결핵과 거대세포바이러스 감염증이 보고되고 있습니다. 이외에도 인지기능 저하, 우울증, 심한 체중감소와 피로 등 에이즈 관련 증상은 매우 다양합니다.

68. HIV 감염인과 에이즈 환자가 일상에서 주의해야 할 점은 무엇인가요?

HIV 감염인과 에이즈 환자는 전문 의료진의 도움으로 적절한 치료, 예방, 기타 지원서비스를 받는 게 좋습니다. HIV 감염인과 에이즈 환자는 정기적으로 병원을 방문하여 CD4+ T세포 수와 혈중 HIV 바이러스양 검사를 통해 본인의 면역상태와 HIV 바이러스 상태를 모니터링해야 합니다. 더불어 전문의와 상의하여 적절한 항바이러스제 복용을 받으면 정상적인 수명과 건강한 삶을 영위할 수 있습니다. 만약 면역체계가 약화되어 기회감염 질환이 발생할 경우 즉시 전문의와 상의하여 기회감염 치료를 받아야 합니다. 건강한 식습관, 주기적인 운동, 휴식 등의 생활습관 개선을 통하여 육체적 · 정신적 건강을 잘 유지하는 것이 무엇보다도 중요합니다.

69. HIV 감염인과 에이즈 환자 치료는 환자별로 어떻게 진행되나요?

HIV 감염인과 에이즈 환자 치료는 환자의 연령, 성별, 건강상태, 면역체계, 바이러스 수치 등 개인적인 요인에 따라 차이가 있을 수 있습니다. 성인환자의 경우 치료는 기본적으로 3가지 항바이러스제 약물을 사용하며 정기적인 모니터링을 통해 개인에게 적합한 최적의 치료를 결정합니다. 소아 환자의 경우 연령과 체중에 따라 약물 종류와 용량이 다를 수 있어 소아 환자를 치료하는 전문 의료진의 지도하에 진행됩니다. 청소년환자의 경우 성인환자와 비슷하게 항바이러스제를 사용합니다. 하지만, 청소년기의 성장과 발달 특성을 고려하여 치료 방식이나 약물 조합이 변경될 수 있습니다. 여성 HIV 감염인과 에이즈 환자의 경우 기본적으로 3가지 항바이러스제 약물을 사용하지만, 임신 중일 경우 태아의 건강을 고려하여 치료 계획을 수정하거나 추가적인 검사를 받을 수 있습니다. 모든 환자군에서 면역력과 감염상황에 따라 기회감염 예방 및 치료, 생활습관 개선, 정신적 지원 등 전반적인 건강관리도 함께 진행되어야 합니다.

70. HIV 감염인과 에이즈 환자는 치료를 받는 동안 어떤 식단을 유지해야 하나요?

HIV 감염인과 에이즈 환자가 건강한 식단을 유지하는 것은 매우 중요합니다. 건강한 식사는 면역 시스템을 강화하고, 항레트로바이러스 치료의 부작용을 관리하는 데 도움이 될 수 있습니다. 다음과 같은 식단 지침을 참고하시면 좋습니다:

1) **균형 잡힌 식단:** 다양한 종류의 음식을 섭취하여 필요한 영양소를 골고루 섭취하는 것이 중요합니다. 이에는 과일, 채소, 전곡식, 단백질이 풍부한 음식(고기, 생선, 콩 등), 건강한 지방(올리브 오일, 아보카도 등)이 포함됩니다.

2) **충분한 단백질 섭취:** 단백질은 면역 시스템을 지원하고, 체중을 유지하며, 에너지를 공급하는 데 중요합니다. 고기, 생선, 유제품, 콩 등에서 단백질을 섭취할 수 있습니다.

3) **비타민과 미네랄 섭취:** 특히 비타민 B와 D, 아연, 철분 등은 면역 시스템을 지원합니다. 이러한 영양소는 다양한 식품에서 얻을 수 있지만, 필요에 따라 영양 보충제를 사용할 수도 있습니다.

4) **충분한 수분 섭취:** 수분은 체내에서 중요한 기능을 수행하며, 항바이러스 약물의 부작용(구토, 설사 등)을 관리하는 데 도움이 됩니다.

5) **알코올과 카페인 제한:** 알코올과 카페인은 물론, 가공식품, 고지방, 고당류 식품 등은 가능한 한 피하는 것이 좋습니다.

6) **안전한 음식 처리:** 면역 시스템이 약화된 상태에서는 식품에 의한 감염의 위험이 높아집니다. 따라서 음식을 잘 익히고, 식품을 잘 저장하며, 식기는 깨끗이 세척하는 등의 안전한 음식 처리 방법을 따르는 것이 중요합니다.

이러한 식단 지침은 일반적인 조언이며, 개인의 건강상태나 치료 계획에 따라 달라질 수 있습니다. 따라서 개인의 식단 계획은 의료진이나 영양 전문가와 상의하여 결정하는 것이 가장 좋습니다.

71. HIV 감염인이 치과 치료 시 의사에게 감염 사실을 알려야 되나요?

네. HIV 감염인이 치과 치료를 받을 때 의사에게 감염 사실을 알려주는 것이 좋습니다. 왜냐하면, 치과 치료 시 소독을 철저하게 하고는 있지만 HIV는 치과 치료 중에 다른 사람에게 전염될 수 있기 때문입니다. HIV 감염인이 치과 치료를 받다가 혈액이 직접 기구에 묻으면 그 기구를 통해 다른 사람에게 HIV가 전염될 수 있습니다. 따라서 HIV 감염인이 치과 치료를 받을 때는 의사에게 감염 사실을 알려서 의사가 다음과 같은 적절한 조치를 할 수 있도록 하는 것이 좋습니다.

1) 감염 사실을 확인하고, 감염자가 안전한 치료를 받을 수 있

도록 조치

2) 감염인의 혈액이 다른 사람의 몸에 들어가지 않도록 예방 조치

3) 감염인의 치료 후 감염 여부 확인

하지만 HIV 감염인이 의사에게 감염 사실을 알릴 경우 치료를 거부당하거나 본인이 개인 정보 노출이 우려되어 감염 사실을 알리는 것이 꺼려질 수도 있습니다. HIV 감염 사실을 반드시 알려야 할 의무는 없지만, 의료인과 타인의 보호를 위하여 의사에게 감염 사실을 알리는 것이 좋습니다.

72. HAART 치료란 무엇이며 효과는 어떤가요?

HAART(Highly Active Antiretroviral Therapy) 치료는 HIV 감염인의 면역체계를 개선하고 HIV 복제를 강력히 억제하기 위해 사용되는 약물 치료법으로 칵테일 치료라고도 불립니다. HAART 치료는 주로 세 가지 종류의 항바이러스제 즉, 뉴클레오사이드 역전사효소억제제(NRTIs) 또는 비뉴클레오사이드 역전사효소억제제(NNRTIs), 단백질분해효소억제제(PIs), 통합효소억제제(INTIs) 등을 혼합하여 사용합니다. 하나의 약물만으로는 바이러스 및 합병증의 예방관리가 어렵기 때문에 HAART 치료는 여러 종류의 약물을 적절하게 조합하여 사용합니다. HAART 치

료의 장점은 HIV 감염인의 면역체계를 향상시키고 HIV 복제를 크게 감소시켜 에이즈 관련 합병증(폐렴, 구강 칸디다증, 뇌질환 등) 위험을 현저히 줄일 수 있습니다. HAART 치료를 지속적으로 받으면 HIV 감염인들은 건강한 삶을 영위하고 정상적인 수명을 누릴 수 있습니다. 단, HAART 치료로 에이즈가 완치되는 것은 아니므로 의사의 지시에 따라 약물치료를 잘 받으셔야 합니다.

73. HIV 치료 가이드 변천사에서 중요한 사건들은 무엇인가요?

1981년 처음으로 에이즈 환자가 보고된 이후 다양한 HIV 항바이러스제들이 개발되어 HIV 감염인과 에이즈 환자 치료에 사용되고 있습니다. 1987년 처음으로 AZT(Azidothymidine 혹은 Zidovudine, ZDV)라고 불리는 뉴클레오사이드 역전사효소억제제(NRTIs)가 승인되어 사용됨으로써 HIV 감염 치료의 획기적 변화를 가져왔습니다. 1997년 항바이러스제 중 역전사효소억제제 2종과 단백질분해효소억제제(PIs)를 동시에 사용하는 HAART(Highly Active Antiretroviral Therapy)라는 칵테일 치료가 도입됨으로써 HIV 감염인들의 생존율을 크게 향상시켰습니다. 2015년 DHHS에서는 초치료 가이드라인으로 단백질분해효소억제제 대신 새로운 약물인 통합효소억제제(INSTIs)와 뉴클레오사이드 역전사효소억제제(NRTIs) 2종류 복용을 권고하는 것으로 변화되었습니다. 최근에는 HIV 항바이러스제 다제내성을 극복하는 새로운 약물들과 1회 복용으로 장기간 약물 효능이 지속될 수 있는 Long Acting Drug 개발이 이루어지고 있습니다. 이와 같이 HIV가 발견된 이후 40여 년이 지나는 동안 HIV 치료 가이드는 수차례 업그레이드되었습니다. 이러한 발전 덕분에 HIV 감염인들과 에이즈 환자들이 더욱 적절한 치료를 받아 생명 연장과 삶의 질 향상을 누릴 수 있게 되었습니다.

74. HIV 노출 전 예방요법(PrEP)이란 무엇인가요?

HIV 노출 전 예방요법(Pre-exposure Prophylaxis, PrEP)은 HIV 감염 예방을 목적으로 남성 동성애자와 같은 HIV 감염 고위험군에 항바이러스제 약물을 미리 사용하는 예방치료법입니다. 외국 사례에 의하면 2010년에 진행된 대규모 임상시험에서 항바이러스제가 고위험 남성 동성애자(MSM, men who have sex with men)의 HIV 감염률을 44% 수준으로 감소시켰다고 합니다. 2017년 대한에이즈학회는 국내 실정에 맞는 '국내 HIV 노출 전 예방요법 권고안'이라는 임상 진료지침을 제정하여 사용하고 있습니다. 일반적으로 PrEP는 성적으로 활동적인 남성 동성애자(MSM), 약물 남용자(IVDUs), HIV 감염인의 배우자와 같은 이성애자 커플 등에 본 예방법 사용을 권고하고 있습니다. 일반적으로 추천되는 약물은 텐포비어 디수프록시 친산염(TDF) 300mg/엠트리

시타빈(FTC) 200mg 복합제입니다. 새로운 형태의 TDF 제제인 텐포비어 알라페나미드(TAF)는 골 감소나 신독성이 TDF보다 적고 바이러스 억제 효과도 우수하다고 보고되고 있습니다. PrEP 약물(TDF/FTC)은 매일 하루 1회 복용합니다. 고위험 남성 동성애자의 경우 성관계 전 24시간 이내 2알 복용하고 첫 번째 복용 24시간과 48시간 이후 각각 1알씩 추가로 복용합니다. PrEP가 HIV 감염 위험률을 크게 줄일 수는 있지만 완전한 예방 수단은 아닙니다. 그러므로 HIV 감염 예방을 위해서는 안전한 성관계 및 건강한 생활습관이 매우 중요합니다.

75. 노출 전 예방요법(PrEP) 복용 도중 받아야 하는 검사는 무엇인가요?

PrEP를 받는 환자는 TDF/FTC 약물복용 후 3개월 간격으로 HIV 선별검사를 받아야 합니다. 만약 급성 HIV 감염이 의심되면 HIV RNA 검사를 추가로 받아야 합니다. HIV 선별검사에서 양성이 나타나면 HIV 확진검사를 통해 HIV 감염 여부를 최종적으로 판단해야 합니다. PrEP를 받는 환자는 적어도 3개월 간격으로 약제 부작용, 복용순응도, 신기능검사, HIV 감염위험 행위 등에 대한 평가를 주기적으로 받아야 합니다. PrEP를 받는 환자가 성접촉이 빈번하다면 적어도 6개월 간격으로 성매개 감염(임질, 매독 등) 검진을 받아야 합니다. PrEP를 받는 가임기 여성의 경우 적어도 3개월 간격으로 임신반응 검사를 받아야 합

에이즈 바로 알기 '100문 100답(100 Q&As)'

니다. 환자별 특성을 고려하여 전문 의료진의 도움을 받아 PrEP 예방치료가 진행되어야 합니다. 이러한 사항들은 대한에이즈학회에서 제정한 '국내 HIV 노출 전 예방요법 권고안'에 잘 기술되어 있습니다.

76. 노출 전 예방요법(PrEP) 대상자에게 HIV 예방을 위해 특별히 교육해야 할 사항은 무엇인가요?

PrEP 대상자에게 특별히 교육해야 할 사항으로는 복용순응도에 대한 중요성과 HIV 감염위험을 감소시키기 위한 행동 방식에 대한 교육이 필요합니다. PrEP의 예방 효능을 결정짓는 가장 중요한 요인이 대상자의 복용순응도입니다. PrEP 대상자에게 복용순응도를 높이기 위하여 PrEP 복용법과 이점들에 대한 정확한 지식을 제공하고 부작용의 종류와 대처법에 대해 상세히 알려줘야 합니다. 또한, 환자의 가족이나 동료, 의사와 간호사 등이 대상자의 복용순응도를 높이기 위해 공동으로 노력해야 합니다. 또한, PrEP 대상자에게 HIV 감염위험을 낮추기 위해 위험한 성행위와 마약 주사기 사용 등을 하지 않도록 교육하는 것도 중요합니다. PrEP 약물을 복용하는 동안 체내 HIV 바이러스가 억제되어 HIV 감염위험이 낮아질 수 있다고 믿어 콘돔 사용을 하지 않고 성행위를 하는 등 위험한 행동이 증가할 수 있습니다. 그러므로 대상자들에게 HIV 전파 예방을 위하여 철저히 위험 행동 감소 교육을 강화하는 것이 필요합니다.

77. 노출 후 예방적 치료(PEP)란 무엇인가요?

HIV 감염에 대한 노출 후 예방치료(Post-Exposure Prophylaxis, PEP)는 의료현장에서 주사기 찔림 등으로 HIV에 노출된 경우 항바이러스제를 복용하는 치료법입니다. PEP는 HIV가 체내에 침투하여 복제되기 전에 이를 억제하여 HIV 감염을 예방하는 데 도움이 됩니다. PEP는 HIV에 노출된 후 72시간 이내에 시작하는 것이 가장 효과적입니다. 그러나 72시간 이후에도 PEP를 시작하는 것이 도움이 될 수 있습니다. PEP는 4주 동안 항바이러스제를 복용하는 치료로 HIV 감염을 100% 예방하는 것은 아니지만 HIV 감염위험을 현저히 줄일 수 있는 효과적인 치료입니다. PEP는 HIV에 노출된 후 즉시 전문의와 상담하여 치료 여부를 결정하는 것이 좋습니다.

주요 내용 요약 🐳

1. **HIV 초기증상:** HIV 감염 초기에 나타나는 다양한 증상들은 발열, 피부 발진, 림프절 종대 등이며, 특별한 치료 없이도 약 4주 이내에 자연스럽게 호전됩니다.

2. **치료 및 지원서비스:** HIV 감염인과 에이즈 환자는 전문 의료진의 도움으로 치료와 예방, 지원서비스를 받아야 하며, 면역상태와 HIV 바이러스 상태를 정기적으로 모니터링해야 합니다.

3. **개별적 치료:** 환자마다 치료는 개별적으로 이루어지며, 모든 환자군에서 기회감염 치료, 생활습관 개선, 정신적 지원 등 전반적인 건강관리가 필요합니다.

4. **감염 사실의 공개:** 감염 사실을 공개하는 것은 의무는 아니지만, 의료진과 타인의 보호를 위해 감염 사실을 의사에게 알리는 것이 권장됩니다.

5. **HAART 치료법:** 일반적으로 세 가지 종류의 항바이러스제를 혼합하여 사용하는 HAART 치료는 HIV 감염인의 면역체계를 강화하고 HIV 복제를 효과적으로 억제합니다.

6. **HIV 노출 전 예방요법(PrEP):** 고위험군에 미리 항바이러스제를 사용하는 예방치료법으로, HIV 감염 위험률을 크게 줄일 수 있습니다. PrEP를 받는 환자는 정기적으로 HIV 선별검사를 받아야 하며, 부작용, 복용순응도, 신기능검사, HIV 감염위험 행위 등에 대한 평가도 주기적으로 이루어져야 합니다.

7. **노출 후 예방적 치료(PEP):** HIV에 노출된 후 72시간 이내에 시작하는 PEP는 HIV가 체내에 침투하여 복제되는 것을 억제하는 치료법으로, HIV 감염을 100% 예방할 수는 없지만, 감염위험을 현저히 줄일 수 있습니다.

Chapter 6

에이즈 완치

78. 에이즈 완치란 무엇인가요?

에이즈 완치란 인체 내에서 HIV 바이러스를 완전히 제거 즉, HIV 잠복감염 세포와 같은 저장소를 파괴함으로써 면역체계가 정상적으로 작동하게 되어 에이즈와 관련된 질병이나 증상이 사라지는 상태를 말합니다. 불행하게도 현재까지 에이즈를 완벽하게 완치할 수 있는 치료법은 개발되지 못한 상태입니다.

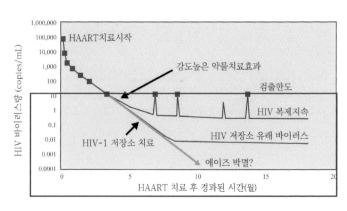

그림 27. 에이즈 완치 개념도

79. 세계적으로 에이즈 완치사례가 보고된 것이 있나요?

세계적으로 2008년 에이즈 완치의 첫 사례로 티모시 브라운이라는 불리는 베를린 환자 사례가 보고된 바 있습니다. 이 환자는 백혈병 치료를 위해 방사선 치료 후 HIV 감염 보조 수용체인 CCR5 델타 32 돌연변이를 가진 골수 이식을 받았습니다. 이 돌연변이는 자연적으로 HIV 감염에 저항성을 나타냅니다. 골수 이식 후 HIV 바이러스가 그의 체내에서 전혀 감지되지 않았으며 HIV 바이러스가 재활성화되지도 않았습니다. 2019년 발표된 런던 환자는 림프종 치료 과정에서 CCR5 델타 32 돌연변이를 가진 골수를 이식받아 이식 후 HIV 바이러스가 그의 체내에서 사라진 사례입니다. 이러한 사례들은 HIV 감염 저항성을 갖는 보조 수용체 유전자 돌연변이의 골수 이식을 통해 완치가 가능함을 보여주지만 이러한 돌연변이를 가진 이식 자원이 매우 희소하다는 한계점이 있습니다.

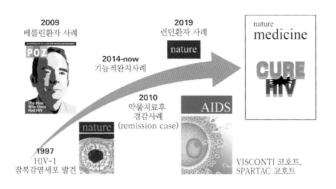

그림 28. 에이즈 완치연구의 주요 사건들

80. 에이즈 완치에 가장 큰 장애물은 무엇인가요?

에이즈를 완치하는 데 가장 큰 장애물은 인체 내 HIV 바이러 스가 숨어있는 상태인 HIV 저장소로 불행하게도 현재 기술로 는 이를 완전히 제거할 수 없습니다. HIV 저장소(HIV reservoir) 란 HIV 감염인의 인체 내에서 HIV 바이러스가 숨어서 항바이 러스제 치료와 면역체계의 공격을 피할 있는 세포나 조직을 의 미합니다. HIV 잠복감염 세포와 같은 HIV 저장소 속 바이러스 는 항바이러스제의 영향을 받지 않아 완전한 치료를 어렵게 만 듭니다. 여기서 HIV 잠복감염 세포란 HIV 바이러스가 인체 내 CD4+ T 면역세포에 감염되었지만 활성화되지 않은 상태의 세 포를 말합니다. 활성화된 잠복감염 세포는 새로운 HIV 바이러 스를 만들어 내는 공장과 같은 역할을 합니다. 국내 국립보건 연구원 최병선 박사팀은 다년간의 HIV-1 잠복감염연구를 통 하여 HIV 바이러스 수용체인 CD4 단백질에 의한 T세포 비활 성화 즉, CD4 분자의 하위신호전달체계의 비활성 기전과 후생 유전학적 조절에 의한 PRC(polycomb Repressor Complex) 유도 gene silencing 기전이 새로운 HIV 잠복감염 유도모델이라고 보고한 바 있습니다. 에이즈 완치를 위해서는 이러한 잠복감염 세포와 같은 저장소를 선택적으로 탐지하고 효과적으로 제거할 수 있 는 방법을 찾아야 합니다. 전 세계적으로 잠복감염 세포와 같은 HIV 저장소를 표적으로 하는 수많은 완치제 개발연구가 현재 진행되고 있습니다.

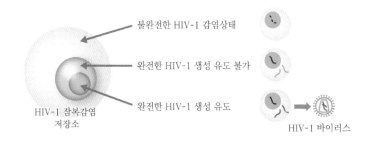

불완전한 HIV-1 감염상태

완전한 HIV-1 생성 유도 불가

완전한 HIV-1 생성 유도

HIV-1 잠복감염
저장소

HIV-1 바이러스

그림 29. HIV 저장소(잠복감염 세포)

81. 에이즈 완치연구에 초기 HIV 감염인의 혈액이 중요한 이유는 무엇인가요?

감염 초기에 HIV 바이러스가 급격하게 증식하고 인체 내 다른 조직으로 확산합니다. HIV 잠복감염 세포와 같은 HIV 저장소도 HIV 감염 후 수주 내에 대략 10만 개~100만 개 정도 만들어집니다. 이러한 HIV 잠복감염 세포에 대한 특성을 규명하고 잘 이해하는 것은 저장소를 제거하는 완치제를 개발하기 위해 매우 중요합니다. 따라서 HIV 잠복감염 세포를 충분히 얻을 수 있는 초기 HIV 감염인의 혈액은 에이즈 완치연구에서 매우 중요한 위치를 차지합니다.

82. 에이즈 완치연구를 위해서 어떤 기술들이 필요한가요?

초기 HIV 감염 혈액은 에이즈 완치연구에서 중요한 역할을 차지합니다. 이러한 시기 다량으로 형성된 HIV 잠복감염 세포와 같은 저장소의 형성 과정에 관여하는 중요한 숙주 인자를 규명하는 연구는 에이즈를 극복할 수 있는 완치제 개발을 가능하게 합니다. 그러므로 HIV 잠복감염 세포에 대한 모든 유전체, 전사체, 단백체 등을 종합적으로 통합 분석하는 오믹스 분석(OMICS), 단세포전사체 분석(scRNA-seq), 후성 유전체 분석(Epigenetics) 등의 신기술이 필요합니다. 더불어 효과적인 에이즈 완치제를 개발하기 위해서는 유전자가위기술, 약물재창출 기술, 유도만능줄기세포기술, 인간화마우스 동물모델과 같은 완치연구용 동물모델개발기술, 약물전달시스템개발기술 등과 같은 최첨단 기술들도 필요합니다.

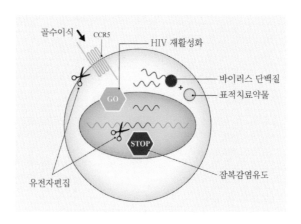

그림 30. 다양한 신개념 에이즈 완치기술들

에이즈 바로 알기 '100문 100답(100 Q&As)'

83. 오믹스 분석이란 무엇인가요?

오믹스 분석(OMICS)이란 생물학적 분자와 과정들을 포괄적이고 정량적으로 연구하는 분석 방법입니다. 이 분석 방법은 생물체의 모든 분자와 시스템을 규명하려는 시도로서 유전자와 전사체(RNA), 단백질, 대사물질 등을 종합적으로 분석함으로써 전체적인 생물 입자 간의 상호작용과 기능을 파악하고자 합니다. 게놈학(Genomics)은 유전물질 전체인 게놈(genome)의 구조와 기능을 분석합니다. 유전자 염기서열, 발현기작, 유전자 변이 등을 중점적으로 연구합니다. 전사체학(Transcriptomics)은 전체 RNA의 집합인 전사체(transcriptome)를 분석하여 특정 세포, 조직 또는 생물 전체에서 활성화되거나 억제되는 유전자의 패턴을 파악하는 것에 중점을 두고 있습니다. 단백체학(Proteomics)은 RNA에서 번역된 단백체(proteome)를 분석합니다. 단백체학은 이들의 구조, 기능, 상호작용 등을 연구합니다. 대사체학(Metabolomics)은 세포, 조직 또는 생물체의 모든 대사물질인 대사체(metabolome)를 연구합니다. 대사체학은 대사물질의 구성, 기능, 변화를 분석함으로써 질병 유발 과정을 파악하는 데 도움이 됩니다.

최근 HIV 잠복감염과 관련된 주요한 오믹스 분석연구는 HIV 잠복성에 대한 이해를 심화시키고 에이즈 완치전략 개발을 가능하게 합니다. 단일 세포 RNA 시퀀싱을 이용한 HIV에 의한 CD4+ T세포 하위 집단에서 구별되는 유전자 발현 패턴을 확인함으로써 숙주의 면역세포에 미치는 복잡한 영향이 밝혀졌습니다. HIV 잠복감염 세포의 단백질 발현 패턴을 분석하여 HIV 잠복성을 유지하는 데 관여하는 핵심 단백질과 경로를 확인함으로써 잠복 저장소를 활성화하여 제거할 수 있는 단서들이 제공되고 있습니다. 또한, HIV-1 잠복 저장소의 후성 유전적 특성을 분석하여 HIV 잠복성과 관련된 특정 히스톤과 DNA 메틸화 패턴이 규명되고 있습니다. 이처럼 오믹스 분석은 HIV 잠복성에 대한 분자 수준 및 세포 기전에 대한 우리의 이해를 향상해 주며 에이즈 완치를 위한 새로운 치료제 개발에 크게 기여하게 됩니다.

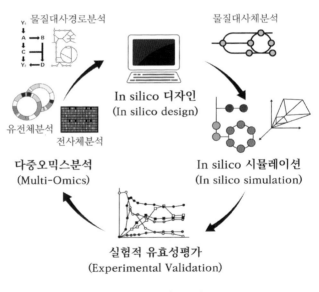

그림 31. 오믹스 분석(OMICS) 흐름도

84. 단세포전사체 분석이란 무엇인가요?

단세포전사체 분석(single-cell RNA sequencing, scRNA-seq)은 개별 세포의 모든 유전자 발현 즉 전사체를 분석하는 기술입니다. 이 기술은 전체 세포 군집이 아닌 단일 세포 수준에서 RNA 염기서열분석을 통하여 여러 세포들의 유전자 발현 패턴을 조사하고 이로부터 유전자 조절 네트워크, 세포 면역반응 등을 이해할 수 있는 최신분석기술입니다. 전통적인 RNA 분석 방법인 전사체 분석(RNA-seq)은 세포군에서 평균적인 유전자 발현 정보를 제공하지만, 개별 세포 간의 발현 차이를 분석할 수 없으며 동일한 세포 집합 사이에서도 발현 패턴의 차이를 식별하기 어렵습니다. 이와 달리 단세포전사체 분석은 세포 간에 미세한 유전자 발현 차이를 감지할 수 있어 동일한 조직 내의 다양한 세포 하위 집단들을 식별하고 이들의 기능을 연구하는 데 도움을 줍니다. 단세포전사체 분석기술은 개별 세포의 면역반응과 특성분석, 암세포와 정상 세포 간의 유전자 발현 차이를 파악하여 암 발생 및 진행에 영향을 미치는 기전규명, 다양한 신약개발 등에 활용됩니다.

더불어, 단세포전사체 분석은 HIV 완치연구에서 중요한 도구로 사용되고 있습니다. 에이즈 완치의 최대 장애물인 HIV 잠복저장소 세포에 대한 유전자 발현양상을 분석하여 특이적인 패턴을 밝혀냄으로써 HIV 저장소를 표적화하는 새로운 완치전략 개발이 시도되고 있습니다. HIV 감염인 중 10년 이상 장기간 동안 에이즈 질병을 유발하지 않고 건강하게 지내고 있는 장기 무증상 감염인에 대한 단세포전사체 분석 결과 HIV 기능적 완치에 관여하는 HIV 저장소 치료 후보 바이오마커들이 발굴·보고되고 있습니다. 이러한 기술은 HIV 잠복감염의 복잡성을 더 잘 이해하고 바이러스와 숙주세포 간의 상호작용을 규명하는 데 기여함으로써 HIV 완치연구 분야에 새로운 지평을 열고 있습니다.

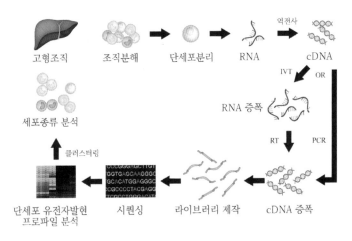

그림 32. 단세포전사체 분석(scRNA-seq) 흐름도

85. 유전자가위기술이란 무엇인가요?

유전자가위기술(genetic scissors technology)은 DNA 분자를 특정 위치에서 정확하게 잘라 원하는 유전자를 삭제 또는 대체하는 유전자 편집기술입니다. 이 기술을 사용하면 유전자 결함을 수정하거나 식물의 특성을 변경할 수 있습니다. CRISPR-Cas9 시스템은 현재 다양한 유전자가위기술 중 가장 널리 사용되는 기술입니다. CRISPR-Cas9 시스템은 Cas9 효소가 RNA 분자와 결합한 다음 특정한 DNA 서열을 인식하여 정확하게 잘라냅니다. CRISPR-Cas9 유전자가위를 사용하면 원하는 위치의 DNA를 정확하게 잘라내고 유전자를 삽입하거나 삭제하는 작업을 진행할 수 있습니다. 유전자 결함을 수정하여 유전적 질병을 치료하거나 가뭄이나 병충해에 대한 내성을 갖춘 작물을 개발하는 데 사용됩니다. 그렇지만 유전자 편집에 관한 윤리적, 사회적 문제가 대두되고 있으므로 이 기술의 영향력과 책임에 대한 규제와 지침인 연구윤리를 엄격히 준수하는 것이 무엇보다 중요합니다.

HIV 완치연구 분야에서 대표적인 유전자가위기술(CRISPR-Cas9 시스템)을 이용한 최신연구로는 숙주 내 HIV 잠복감염 세포 내에 존재하는 HIV DNA를 CRISPR-Cas9 유전자가위기술을 이용하여 직접 잘라내는 연구가 진행되었습니다. 이 연구는 실험실 조건에서 HIV 감염 세포의 유전자를 성공적으로 편집하여

HIV DNA를 제거하고 바이러스의 복제를 막는 데 성공하였습니다. 이는 HIV 저장소를 선택적으로 표적화하는 에이즈 완치제 개발이 가능할 수 있다는 중요한 단서가 되었습니다. 추가로 HIV가 인체 면역세포인 T세포에 침입하기 위해서는 CCR5 또는 CXCR4라는 보조 수용체가 꼭 필요합니다. 유전자가위기술을 이용하여 보조 수용체인 CCR5 유전자를 변형시켜 HIV 저항성을 갖는 세포를 생성하는 연구가 주목을 받았습니다. 이와 같이 HIV 저항성을 가진 T세포를 생성함으로써 에이즈 완치를 위한 새로운 세포치료요법의 개발이 가능해졌습니다. 이러한 연구들은 유전자가위기술이 HIV 완치에 매우 중요한 역할을 할 수 있음을 보여주고 있으나 임상 적용 전에는 안전성, 윤리적 고려, 장기적 효과에 대한 추가연구가 반드시 필요합니다.

그림 33. 유전자가위기술 개념도

86. HIV 재활성화란 무엇인가요?

HIV 재활성화(HIV reactivation)는 HIV의 완치 방안 중 하나로 "충격 후 파괴 전략(Shock and Kill)"이라고 불립니다. HIV 저장소 중의 하나인 HIV 잠복감염 세포가 HIV 재활성화 물질이라고 불리는 특정 화학물질에 의해 충격을 받으면 세포에 숨어있던 HIV 바이러스가 활성화되어 바이러스 생성이 촉진됩니다. 그러면 인체 면역체계가 이러한 바이러스를 생성하는 잠복감염 세포를 인식하고 제거하게 됩니다.

LAT(Latency-Reversing Agents)는 잠복한 HIV를 활성화하는 물질로 다양한 화학적 화합물, 후성유전학적 변형 관련 숙주 인자 등이 이에 해당합니다. 국립보건연구원의 최병선 박사팀은 HIV 잠복감염 세포주를 대상으로 H3 히스톤 아세틸화(H3K9ac), H3 히스톤 메틸화(H3K4me3, H3K27me3, H3K9me3), H2 히스톤 유비키틴화(H2BK120ub)에 대한 '후성 유전체 전장 데이터베이스'를 구축하여 HIV 저장소 제거를 위한 연구기반을 확립하였습니다. 특히, 세포주기 조절유전자인 CDKN1A와 cyclin D2가 HIV 잠복감염 유지에 중요한 역할을 하고 있다는 사실을 밝혔습니다. 중국 Zhang 박사팀은 HIV의 Long terminal repeat을 통한 유전자 전사체 super elongation complex(SEC)가 필수적인 요소로 작용하며 H3 히스톤 메틸화(H3R26me)를 억제하는 약물을 처리하면 HIV 잠복감염 세포가 재활성화되어 파괴된다는 사실을 밝혔습니다. 이와 같이 HIV 재활성화 전략은 이론적으로 바이러스 저장소 제거를 통한 에이즈 완치 가능성을 제시함으로써 많은 연구와 관심을 받고 있습니다. 그러나 인체 내에 극미량으로 존재하는 HIV 잠복감염 세포만을 부작용 없이 어떻게 탐지할 수 있는지와 같은 수많은 난제들도 풀려야 할 숙제로 현재 남아 있습니다.

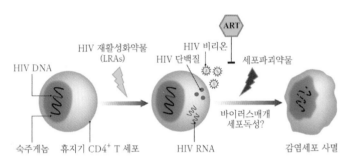

그림 34. HIV 재활성화 기술 흐름도

87. 약물재창출 기술이란 무엇인가요?

약물재창출 기술(drug repurposing)은 이미 인체 내에서 사용이 승인된 기존의 약물들을 새로운 치료 목적이나 새로운 질환 치료에 사용하는 연구기법입니다. 이 기술은 기존 약물의 효능 및 안전성에 관한 정보를 활용하여 신속하게 유효한 새로운 치료제 개발이 가능합니다. 약물 재창출 기술을 이용하면 일반적으로 새로운 신약개발 시 소요되는 막대한 비용 및 시간을 현저히 줄일 수 있습니다. 또한, 기존 약물이 이미 인체에서 사용이 승인되어 안전성과 효능이 입증된 약물로 약물 재창출은 상대적으로 높은 신약개발 성공률을 나타냅니다. 약물재창출 기술은 다양한 질환에 대한 치료 옵션을 확장할 수 있으며 특히 난치성 질환의 치료법 개발에 활용되고 있습니다.

HIV 연구 분야에서도 기존의 약물들을 새로운 치료 목적으로 사용하는 약물재창출 기술로 유망한 연구결과들이 쏟아지고 있

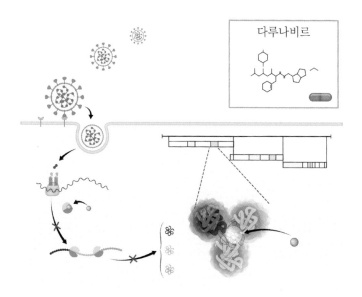

그림 35. 약물재창출 기술:
기존 HIV 치료제(다루나비르)가 새로운 코로나19 치료제로 개발된 사례

습니다. 히스톤탈아세틸화억제제(HDAC억제제)라고 불리는 일부 항암제가 HIV 잠복감염 세포를 타깃팅하고 재활성화시켜 HIV 바이러스를 방출함으로써 숙주 면역체계가 HIV 저장소를 감지하고 제거하게 됩니다. 다른 바이러스 감염에 사용되는 항바이러스 약물이 HIV 치료에도 효과적일 수 있습니다. 예를 들어, C형간염 바이러스(HCV) 치료에 사용되는 리바비린이 HIV 복제를 억제하는 효과를 보였다는 연구가 보고된 바 있습니다. 이러한 연구 사례들은 약물재창출 기술이 HIV 완치제 개발에 획기적인 진전을 도모할 수 있음을 시사합니다.

88. 유도만능줄기세포기술이란 무엇인가요?

유도만능줄기세포기술(induced pluripotent stem cell technology, iPSC)은 성인 체세포를 가지고 다시 가능성을 갖는 줄기세포로 되돌리는 기술입니다. 이 방법은 성인 세포(피부 세포 등)로부터 역으로 줄기세포를 만들고 이를 다양한 세포와 조직으로 분화시키는 기술입니다. 유도만능줄기세포기술은 일본 교토대학교의 신야 야마나카(Shinya Yamanaka) 교수가 2006년에 처음으로 개발한 기술입니다. 야마나카 교수는 성인 체세포에 특정 유전자 요소인 Oct4, Sox2, Klf4, c-Myc를 도입하였을 때 이 세포들이 다시 줄기세포로 되돌아갈 수 있음을 발견했습니다. 유도만능줄기세포

　　　　　　　　　　에이즈 바로 알기 '100문 100답(100 Q&As)'

기술은 자가 이식을 위한 조직, 장기재생 및 질병 치료에 사용되는 자가 줄기세포를 만들 수 있어 환자별 맞춤 치료가 가능해질 수 있습니다. 또한, 유도만능줄기세포기술은 외상이나 질병으로 손상된 조직 및 장기를 회복 또는 교체하는 재생의학 분야에도 폭넓게 사용되고 있습니다.

유도만능줄기세포기술을 사용하여 HIV에 대한 새로운 세포 기반 치료제를 개발하는 연구도 진행되고 있습니다. 예를 들어, HIV에 저항할 수 있는 면역세포를 환자에게 이식함으로써 체내의 바이러스를 제거하고 면역체계를 강화하는 전략이 가능하게 됩니다. 이러한 기술을 이용한 연구들은 HIV 신치료 및 완치연구 분야에 매우 중요한 진전을 이루고 있습니다.

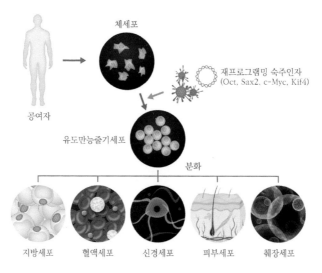

그림 36. 유도만능줄기세포기술(iPSC) 흐름도

89. 나노기술기반 약물전달시스템이란 무엇인가요?

나노기술기반 약물전달시스템(nanotechnology-based drug delivery system, DDS)은 물질의 크기를 나노미터 규모로 축소하는 나노기술을 이용하여 약물 분자를 특정조직에 선택적으로 전달하는 기술입니다. 이러한 약물전달시스템기술은 약물의 효과를 높이고 부작용을 낮추며 약물의 사용 및 투여를 용이하게 할 뿐만

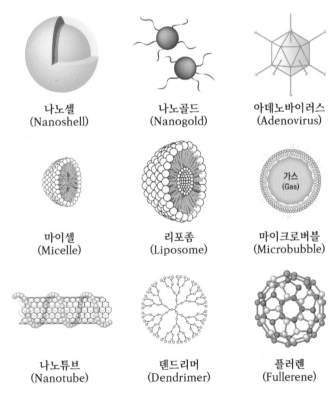

나노셸
(Nanoshell)

나노골드
(Nanogold)

아데노바이러스
(Adenovirus)

마이셀
(Micelle)

리포좀
(Liposome)

가스
(Gas)

마이크로버블
(Microbubble)

나노튜브
(Nanotube)

덴드리머
(Dendrimer)

플러렌
(Fullerene)

그림 37. 다양한 나노기술 약물 전달체들

에이즈 바로 알기 '100문 100답(100 Q&As)'

아니라 약물 투여 경로의 다양화와 정밀의료를 위한 치료전략 개발에 중요한 역할을 담당합니다. 암 치료에서는 특정 암세포를 표적으로 약물을 전달하여 정상 세포에 영향을 최소화하는 치료전략을 제공하고 있습니다.

HIV 저장소에 선택적으로 HIV 치료약물을 전달하는 나노 약물전달시스템은 현재 HIV 치료법의 한계를 극복함으로써 새로운 HIV 완치제 개발로 에이즈를 극복할 가능성을 보여줍니다. 이러한 접근 방식은 약물 용해도, 안정성 및 세포 흡수와 같은 기존 HIV 치료제의 주요 해결과제를 풀 수 있는 실마리를 제공할 것입니다.

90. 인간화마우스모델 개발이란 무엇인가요?

인간화마우스모델(humanized mouse model)은 마우스 유전자, 조직, 면역체계 등을 인간과 유사하게 변경시킨 인간 질환 연구를 위한 동물모델입니다. 인간화마우스모델은 다양한 인간 질환 및 약물연구에 사용되며 인간의 생물학적 반응을 정확하게 모델링하여 안전성 및 유효성 평가에 도움을 줍니다. 인간화마우스모델에는 크게 유전자 인간화마우스모델, 조직 인간화마우스모델, 면역체계 인간화마우스모델 세 가지 종류가 있습니다. 유전자 인간화마우스모델은 인간과 관련된 특정 유전자를 대상으로 마우스의 유전자를 교체하거나 수정한 모델로 인간만이 가진 특정 유전자의 기능과 특성을 연구하는 데 사용됩니다. 조직 인간화마우스모델은 인간의 조직을 마우스에 이식하여 인간 질환을 복제한 모델로 인간 조직에서 진행되는 병리학 연구와 암 연구 등에 사용됩니다. 면역체계 인간화마우스모델은 면역결핍이 있는 마우스(NOD/SCID, NSG 마우스)에 인간 면역세포를 이식하여 만든 인간 면역체계를 모방한 모델로 면역체계와 관련된 질환 연구 및 신약개발에 사용됩니다.

HIV 감염 연구를 위하여 다양한 원숭이, 고양이, 쥐 등을 이용한 동물모델이 개발되어 왔습니다. 이러한 동물모델은 HIV 바이러스를 감염시켜 HIV 증식과정과 에이즈로의 질병 진전 이해뿐만 아니라 새롭게 개발된 HIV 치료제와 백신의 효능평가

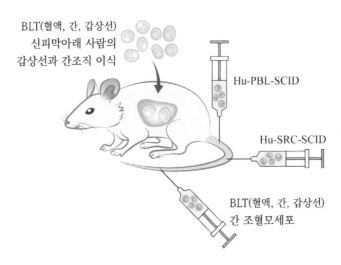

그림 38. 인간화마우스(humanized Mouse)모델 개발 흐름도

에이즈 바로 알기 '100문 100답(100 Q&As)'

등 다양하게 사용되고 있습니다. 최근에는 에이즈 완치연구를 목적으로 인체 CD34+ 줄기세포를 면역결핍 마우스에 이식시킨 인간화마우스모델도 개발하여 사용하고 있습니다.

91. 에이즈 극복은 언제 가능하며 현재 중요한 장애물들은 무엇인가요?

HIV 감염에 대한 완전한 예방과 치료를 달성하는 데 직면한 주요 장애물은 HIV 바이러스의 높은 돌연변이와 HIV 저장소인 잠복감염 세포의 존재입니다. HIV는 변이가 매우 심한 바이러스로 광범위한 유전적 다양성을 초래합니다. 이러한 다양성은 바이러스가 숙주 면역반응과 항바이러스제를 회피(약물 내성주 출현)하는 데 도움을 줍니다. 그러므로 HIV 감염을 효과적으로 예방하기 위해서는 모든 HIV 변이주를 차단할 수 있는 포괄적인 범용 에이즈 예방백신 개발이 시급합니다. 다음으로 HIV 완치의 주요 장애물은 체내 극미량으로 존재하는 HIV 저장소 즉, 잠복감염 세포의 존재입니다. 휴지기 기억 CD4+ T세포라는 특정 면역세포에서 HIV 바이러스는 휴면상태 즉, 불활성화 상태로 존재합니다. 그러므로 HIV 잠복감염 세포를 선택적으로 재활성화시킬 수 있는 약물을 찾아내는 것이 중요합니다. 이러한 약물을 사용하여 인체 내 과도한 염증을 유발하거나 유해한 부작용을 유발하지 않고 HIV 바이러스를 활성화한다면 인체 면역체계에 의해 HIV 저장소는 효과적으로 제거될 것입니다.

주요 내용 요약

1. **에이즈 완치:** 에이즈 완치는 인체 내에서 HIV 바이러스를 완전히 제거하는 것을 의미하지만, 현재까지는 에이즈를 완벽하게 치료할 수 있는 방법은 개발되지 않았습니다.

2. **에이즈 완치 연구의 장애물:** 인체 내에서 HIV 바이러스가 숨어있는 상태인 HIV 저장소를 현재의 기술로는 완전히 제거할 수 없어, 이는 에이즈 완치의 가장 큰 장애물 중 하나입니다.

3. **최첨단 기술과 연구:** 에이즈 완치연구를 위한 최첨단 기술에는 유전체, 전사체, 단백체를 통합 분석하는 OMICS 분석, 단세포전사체 분석, 후성 유전체 분석, 유전자가위기술 등이 포함됩니다.

4. **단세포전사체 분석:** 이는 개별 세포의 유전자 발현을 분석하는 기술로, 세포 간의 미세한 유전자 발현 차이를 감지하여 세포 하위 집단을 식별하고 기능을 연구하는 데 도움을 줍니다.

5. **유전자가위기술:** DNA를 특정 위치에서 잘라내어 원하는 유전자를 삭제하거나 대체하는 기술로, 유전자 결함 수정이나 식물의 특성 변경에 사용됩니다.

6. **HIV 재활성화:** HIV 잠복감염 세포가 특정 화학물질에 의해 활성화되는 현상을 말하며, 이 과정에서 HIV 바이러스가 다시 활동을 시작합니다. HIV 잠복감염 세포를 부작용 없이 어떻게 탐지할지는 여전히 해결해야 할 문제입니다.

7. **약물재창출 기술:** 이미 사용 승인된 기존 약물을 새로운 치료 목적이나 질환 치료에 활용하는 기술로, 신약개발에 필요한 비용과 시간을 줄일 수 있습니다.

8. **유도만능줄기세포기술:** 성인 체세포를 다시 줄기세포로 되돌리는 기술로, 환자 맞춤형 치료가 가능해집니다.

9. **인간화마우스 동물모델 개발:** 마우스의 유전자, 조직, 면역체계 등을 인간과 유사하게 변경하여 인간 질환 연구에 활용하는 동물모델을 개발하는 기술입니다.

10. **약물전달시스템 개발기술:** 나노기술을 이용해 약물 분자를 특정조직에 선택적으로 전달하는 기술로, 약물의 효과를 극대화하고 부작용을 최소화하는 데 기여합니다.

Chapter 7

에이즈 예방 및 홍보

···

92. 에이즈는 어떻게 예방할 수 있나요?

에이즈는 HIV 바이러스로 인해 발생하므로 HIV 감염을 예방하는 것이 핵심입니다. 다음과 같은 방법으로 에이즈 감염을 예방할 수 있습니다.

1) **성행위 시 안전 수칙 준수**: 성병 감염을 피하려면 성행위를 할 때는 항상 콘돔을 올바르게 사용하고 파손되거나 유효기간이 만료된 콘돔은 사용하지 않는 것이 중요합니다.

2) **청결한 주사기 사용**: 주사기를 공유하거나 사용한 주사기를 재사용하지 않는 것이 중요합니다. 주사기를 사용하려면 항상 새로운 주사기를 사용하고 사용 후 뾰족한 주사침은 주사침 통을 통해 안전하게 제거하시기 바랍니다.

3) **약물 남용 금지**: 마약 복용 시 정맥주사기 공유를 통해 HIV

에 감염된 혈액으로 HIV가 전파되므로 약물 남용자의 경우 적절한 사회적 지원을 받아 마약 중독을 치료해야 합니다.

4) **정기적인 HIV 검진:** 고위험 대상자의 경우 본인의 HIV 감염 여부를 확인하기 위해 정기적으로 HIV 검사를 받는 것이 좋습니다. 이는 에이즈 예방뿐만 아니라 조기 진단 및 치료에도 도움이 됩니다.

5) **모유 수유 제한:** HIV에 감염된 산모의 경우 모유 수유를 통해 아기가 HIV에 감염될 위험이 있기 때문에 대체 모유로 수유하는 것이 좋습니다.

6) **사전 노출 예방(PrEP):** 남성 동성애자(MSM) 같은 HIV 감염 위험이 높은 고위험군의 경우 의사의 처방을 받아 사전 노출 예방 약물(Pre-exposure prophylaxis, PrEP)을 복용하는 것이 중요합니다.

7) **올바른 교육과 건강정보 제공:** 에이즈가 어떻게 전염되는지 HIV 감염위험을 어떻게 줄이는지 등등 에이즈에 대한 올바른 지식을 습득하는 것은 일반 국민이 에이즈를 예방하는 데 무엇보다도 중요합니다.

93. 에이즈 예방 교육을 어떻게 효과적으로 진행할 수 있나요?

에이즈 예방 교육을 효과적으로 진행하기 위해서는 교육 대상자의 연령과 성별, 에이즈에 대한 이해 수준, 명확한 교육 목적, 정확하고 간결한 교육내용 등을 고려해야 합니다. 에이즈 예방 교육은 대상자의 연령, 성별, 문화적 배경을 고려하여 진행해야 합니다. 예를 들어, 청소년을 대상으로 하는 에이즈 예방 교육은 성교육과 함께 진행하는 것이 효과적입니다. 성인 여성을 대상으로 하는 에이즈 예방 교육은 임신과 출산에 관한 내용을 포함하는 것이 효과적입니다. 에이즈 예방 교육은 초등학생인 경우 에이즈의 개념과 전염경로 등 일반상식을 중심으로 고등학생 이상의 경우 에이즈 치료와 검사방법에 관한 내용을 중심으로 진행하는 것이 효과적입니다. 또한, 에이즈 예방 교육은 교육의 목적을 명확히 하고 교육의 내용을 정확하고 간결하게 해야 합니다. 교육의 내용은 에이즈의 개념, 전염경로, 에이즈 치료, 항바이러스제와 백신, 에이즈 완치연구, 예방 및 홍보 활동 등을 포함하는 것이 좋습니다. 교육의 방법은 강의, 토론, 역할극, 게임, 영화 상영, 워크숍 등 다양한 방법을 사용할 수 있습니다. 다양한 예방 교육 방법을 사용하면 대상자의 흥미를 유발하고 교육 효과를 높일 수 있습니다.

94. HIV 예방을 위해 개인이 노력해야 하는 사항은 무엇인가요?

🔊 HIV 예방을 위해 개인이 할 수 있는 노력으로 1) HIV에 대한 정확한 정보 습득, 2) 안전한 성생활 실천, 3) HIV에 대한 편견과 차별을 줄이기, 4) HIV 예방과 홍보 활동에 동참하기 등이 있습니다. HIV에 대한 정확한 정보를 습득하는 것은 HIV 예방의 첫걸음입니다. HIV는 혈액, 정액, 질 분비물, 모유를 통해 전염되는 바이러스로 성관계, 수혈, 주사기 재사용 등을 통해 전염될 수 있습니다. 에이즈는 현재까지 완치되지 않았지만, 항바이러스제 치료를 통해 HIV 감염인의 수명과 삶의 질을 크게 향상할 수 있습니다. HIV는 콘돔 사용 등 안전한 성관계를 통해 예방할 수 있습니다. HIV에 대한 편견과 차별을 줄이기 위해 노력하는 것도 중요합니다. HIV는 누구에게나 걸릴 수 있는 질병으로 HIV에 걸렸다고 해서 그 사람을 차별해서는 안 됩니다. 마지막으로 다양한 에이즈 예방 및 홍보 활동에 직접 동참하는 것이 매우 중요합니다. 다양한 홍보행사나 캠페인 등에 참여할 수 있으며 HIV 예방을 위한 기부 활동도 할 수 있습니다. HIV 예방을 위해 개인, 정부, 기업, 시민단체가 함께 노력한다면 범국가 차원에서 HIV 감염률을 현저히 낮출 수 있습니다.

95. 성접촉 시 예방 수단으로 콘돔 사용이 효과적인 이유는 무엇인가요?

콘돔은 성기와 성기 사이에 물리적인 장벽을 형성하여 HIV 감염위험을 효과적으로 줄일 수 있습니다. 콘돔을 올바르게 사용하면 HIV 이외에 클라미디아, 매독, 임균 등과 같은 성병 감염위험도 크게 줄일 수 있습니다. 콘돔은 남녀 모두가 사용할 수 있으며 구입하기도 간편하고 사용하기 편리하다는 장점이 있습니다. 또한, 콘돔은 다른 피임법에 비해 부작용이 거의 없으며 크기, 모양, 색상, 향기 등 종류도 다양해 개인 취향에 맞게 선택하여 사용할 수 있습니다. 콘돔 사용이 100%의 예방을 보장하지는 않지만 올바른 콘돔 사용은 에이즈 예방을 위한 최선책입니다.

96. 에이즈 환자에 대한 편견과 대처방법은 무엇인가요?

에이즈 환자에 대한 편견은 감염 병원체에 대한 잘못된 이해와 사회적 차별에서 기인합니다. 사회적 편견을 줄이고 그로 인한 차별을 해소하는 대처방법은 다음과 같습니다.

1) 에이즈에 대한 올바른 정보제공: 에이즈와 HIV에 대한 정확한 정보에 대한 교육 및 인식 증진을 통해 편견과 두려움을 줄일 수 있습니다. 사람들에게 HIV 감염되지 않은 일상생활

에서의 공동 거주, 생활 공간 공유 등 일반적인 상황에서의 전파 위험이 거의 없음을 알리는 것이 중요합니다.

2) **사회적 공감과 지지**: 에이즈 환자와 가족들이 겪는 어려움과 감정을 이해하고 지지와 관심을 보여주어야 합니다. 에이즈 환자들과 대화를 통해 편견과 오해를 해결하는 노력은 이들이 사회적 차별로부터 벗어나는 데 큰 도움을 줍니다.

3) **인권 존중**: 에이즈 환자들의 의료 서비스, 적정한 근로 조건, 교육, 개인정보보호 등에 대한 인권을 존중하고 기본적인 권리를 법적으로 보호해 주어야 합니다.

4) **지역사회 참여**: 에이즈 환자와 가족들이 사회단체, 종교 기관, 학교 등 지역사회에 참여하고 적극적으로 활동할 수 있는 환경을 조성해 주어야 합니다. 상기와 같은 방법들을 통해 에이즈 환자에 대한 편견과 차별이 줄고 포용적이고 건강한 사회가 만들어질 수 있습니다.

97. 동성애자 집단에 대한 에이즈 검사 접근성을 높이기 위해 어떻게 접근해야 하는지요?

동성애자 집단에 대한 에이즈 검사 접근성을 높이기 위해 가장 중요한 점은 익명성과 검진 편의성입니다. 동성애자들이 에이즈 검사를 받기를 주저하는 이유 중 하나는 개인 정보와 익명성에 대한 우려 때문입니다. 따라서 검사과정에서 익명성을 보장하고 개인 정보를 보호하여 이러한 우려를 해소할 수 있도록 해야 합니다. 그런 다음 에이즈 검사를 받을 수 있는 장소와 시간을 다양화하고 확대하여 동성애자들이 더욱 편리하게 검사를 받을 수 있도록 해 주어야 합니다. 이를 위해서는 모바일 검진 차량, 지역 내 커뮤니티 센터 등에서 검사를 받을 수 있도록 지원해 주어야 합니다. 검사방법도 자가 검진 키트와 같이 검사 장비가 필요 없는 쉬운 검사법을 제공하여 동성애자들이 더욱 쉽게 에이즈 검진을 받을 수 있도록 해 주어야 합니다. 동성애자를 대상으로 한 인터넷 포털, 게시판, 소셜 미디어를 통해 이러한 정보를 홍보하고 정부 지원 프로그램이나 비영리 기관과 협력하여 가능한 무료로 에이즈 검사를 받을 수 있도록 해주어야 합니다. 이러한 과정들을 통해 동성애자 집단에 대한 에이즈 검사 접근성이 높아지며 감염 위험률도 현저히 낮아질 수 있습니다.

98. 성 소수자를 위한 퀴어문화축제란 무엇인가요?

성 소수자(sexual minority)는 성적지향, 성 정체성, 성 표현 등에서 사회적으로 다수를 차지하는 집단과 다른 소수 집단을 의미합니다. 성 소수자는 일반적으로 동성애자, 양성애자, 트랜스젠더 등을 말하며 이들은 종종 차별, 편견, 학대를 겪습니다. 성 소수자들이 사회적 편견과 차별 때문에 자신의 성적지향이나 정체성을 숨기기 때문에 정확한 규모를 파악하기는 어렵습니다. 성 소수자들을 위한 모임과 인식 제고를 위해 국제적으로 많은 축제와 행사가 개최되고 있습니다. 그중에서도 대표적인 것이 바로 월드 프라이드(World Pride)입니다. 2023년 월드 프라이드는 호주 시드니에서 성 소수자를 위한 다양한 문화, 스포츠, 축제 등을 개최하였습니다. 이러한 모임들을 통해 참가자들은 정체성 인식을 고양하고, 상호 지원 및 정보 교류, 크고 작은 문제 해결 등을 위한 적극적인 역할을 합니다. 국내에서도 성 소수자 행사인 퀴어문화축제를 서울, 대구, 부산, 전주, 인천 등 10여 개 지역에서 매년 개최하고 있습니다. 2023년 서울퀴어문화축제는 6월 22일부터 7월 9일까지 18일 동안 '성적지향과 성별 정체성을 비롯한 다양한 정체성을 가진 모든 사람들이 평등하게 어우러져 즐기는 장'으로 진행되었습니다. 이러한 축제를 통하여 한국 사회가 차이를 포용하고, 다름이 공존하며, 평화롭고 평등한 사회가 되기를 꿈꿔봅니다.

그림 39. 2023년 호주 시드니 월드 프라이드 축제 포스터

99. 국내 에이즈 민간단체에는 어떤 기관들이 있나요?

국내에서 에이즈 예방과 홍보 등을 위해 적극적으로 활동하는 대표적인 에이즈 민간단체로 대한에이즈예방협회(www.aids.or.kr)와 한국에이즈퇴치연맹(www.kaids.or. kr)이 있습니다. 대한에이즈 예방협회에서는 간병 서비스, 쉼터운영 등 HIV 감염인 지원과

에이즈 바로 알기 '100문 100답(100 Q&As)'

에이즈 상담 지원서비스를 제공하고 있습니다. 한국에이즈퇴치연맹은 청소년, 성인 등 다양한 계층에 대한 에이즈 예방 홍보 및 교육에 전념하고 있습니다. 더불어 동성애자와 외국인을 대상으로 에이즈 상담과 검진 서비스도 수행하고 있습니다. 그 밖에 구세군, 한국 가톨릭 레드리본, 한국 호스피스 선교회 등의 민간단체가 있습니다. 구세군 보건사업부에서는 HIV 감염인 쉼터 운영과 HIV 감염인 자활사업, 한국 가톨릭 레드리본에서는 HIV 감염인 취약계층 지원, 한국 호스피스 선교회에서는 HIV 감염인 장기요양자 및 정신질환자 지원서비스를 수행하고 있습니다. 이처럼 다양한 기관들이 교육 프로그램, 에이즈 상담 및 검진, 예방 용품 제공 등의 다양한 방식으로 에이즈 예방 및 홍보 활동을 진행하고 있습니다.

그림 40. 세계 에이즈 날 홍보 포스터

100. 에이즈가 사회에 미치는 영향은 무엇인가요?

에이즈는 전 세계 사람들에게 큰 영향을 미치는 공중보건학적으로 매우 중요한 질병입니다. HIV 바이러스는 성접촉 등으로 전염성이 높아 다른 사람에게 쉽게 전파되며 적절한 치료를 받지 않으면 에이즈로 사망하게 됨으로써 전 세계적으로 사망률을 현저히 높이게 됩니다. 그다음으로 중요한 영향은 국가적 질병 부담 등 경제적인 부담이 매우 크다는 점입니다. HIV 감염인과 에이즈 환자를 치료하는 데 들어가는 질병 부담금이 천문학적인 수치로 증가하며, 에이즈 예방 대책에도 많은 자금이 소요됩니다. 더불어 에이즈로 인한 노동력 감소도 국가 경제에 치명적인 악영향을 미칩니다. 이 밖에 에이즈 환자와 그 가족들에 대한 사회적 차별 등에 대한 사회적 문제도 에이즈와 관련된 올바른 교육과 사회구성원으로서의 공감대를 유도함으로써 해결될 수 있도록 국가 차원에서 많은 노력을 기울여야 합니다.

주요 내용 요약

1. **에이즈 예방 방법:** 에이즈 예방에는 콘돔 사용, 청결한 주사기 사용, 약물 남용 금지, 정기적인 HIV 검진, 모유 수유 제한, 사전 노출 예방(PrEP) 복용, 올바른 교육 및 건강정보 제공 등이 포함됩니다.

2. **콘돔 사용의 중요성:** 콘돔은 성별 사이의 물리적 장벽을 형성하여 HIV 및 기타 성병 감염 위험을 줄이는 효과적인 예방 수단입니다.

3. **맞춤형 에이즈 예방 교육:** 에이즈 예방 교육은 수혜자의 연령, 성별, 문화적 배경을 고려하여 목적과 내용이 명확해야 효과적입니다.

4. **개인적 예방 노력:** HIV에 대한 정확한 정보 습득, 안전한 성생활 실천, HIV에 대한 편견과 차별 감소, HIV 예방 및 홍보 활동 참여 등이 포함됩니다.

5. **에이즈 환자에 대한 편견 해소:** 올바른 정보제공, 사회적 공감과 지지, 인권 존중, 지역사회 참여 등을 통해 에이즈 환자에 대한 편견을 해소해야 합니다.

6. **동성애자 집단의 에이즈 검사 접근성 개선:** 익명성과 편의성을 보장하고 다양한 장소와 시간에 검사를 제공하여 동성애자 집단의 에이즈 검사 접근성을 높입니다.

7. **에이즈 환자 지원:** 에이즈 환자와 그 가족들이 사회적 차별로부터 벗어나도록 필요한 지원과 교육을 제공하여 편견을 줄이는 것이 중요합니다.

똑똑한 비서 챗GPT와 함께 푼

에이즈 바로 알기 '100문 100답'

초판인쇄 2024년 5월 31일
초판발행 2024년 5월 31일

지은이 최병선 · 챗GPT
펴낸이 채종준
펴낸곳 한국학술정보(주)
주 소 경기도 파주시 회동길 230(문발동)
전 화 031-908-3181(대표)
팩 스 031-908-3189
홈페이지 http://ebook.kstudy.com
E-mail 출판사업부 publish@kstudy.com
등 록 제일산-115호(2000. 6. 19)

ISBN 979-11-7217-351-7 03470